U0342134

高等学校实验实训规划教材

液压与气压传动实验教程

韩学军　宋锦春　陈立新　编著

北京

冶金工业出版社

2008

内 容 提 要

本书为高等学校机械类专业实验课教学用书。全书分为液压实验、气动实验和实验报告三个部分，并针对目前液压与气动实验教学的先进方法和设备，分基础性实验、综合性实验及设计性实验三个层次介绍液压和气动的 45 项典型实验。书中详细介绍了每项实验的实验目的、实验原理及方法步骤，对各项实验使用的设备做了详细介绍，并附有每项实验的实验报告。本书采用目前先进的实验教学理念，突出实验的综合性、设计性，其中设计性实验只给出实验条件及实验设备，实验方案及过程由学生独立完成，以达到提高学生创新能力的目的。

本书除可用作学校教学用书外，也可供相关专业的实验技术人员参考。

图书在版编目（CIP）数据

液压与气压传动实验教程/韩学军，宋锦春，陈立新编著．
—北京：冶金工业出版社，2008.6
高等学校实验实训规划教材
ISBN 978-7-5024-4575-1

Ⅰ. 液…　Ⅱ. ①韩…　②宋…　③陈…　Ⅲ. ①液压传动
—实验—高等学校—教材　②气压传动—实验—高等学校
—教材　Ⅳ. TH137-33　TH138-33

中国版本图书馆 CIP 数据核字（2008）第 085184 号

出 版 人　曹胜利
地　　址　北京北河沿大街嵩祝院北巷 39 号，邮编 100009
电　　话　(010)64027926　电子信箱　postmaster@ cnmip. com. cn
责任编辑　宋　良　美术编辑　张媛媛　版式设计　张　青
责任校对　石　静　责任印制　丁小晶
ISBN 978-7-5024-4575-1
北京兴华印刷厂印刷；冶金工业出版社发行；各地新华书店经销
2008 年 6 月第 1 版，2008 年 6 月第 1 次印刷
787mm×1092mm　1/16；13 印张；343 千字；197 页；1-3000 册
25.00 元

冶金工业出版社发行部　电话：(010)64044283　传真：(010)64027893
冶金书店　地址：北京东四西大街 46 号(100711)　电话：(010)65289081
（本书如有印装质量问题，本社发行部负责退换）

前　言

　　实验教学是培养学生实践能力和创新能力的必要环节，先进的实验教学理念和一流的实验设备是培养高素质人才的必要条件。针对原有培养模式和教学内容体系中实验多为单一性、验证性、简单化的情况，我们总结了多年来的实验教学经验，对液压与气动实验课程的教学内容进行全面改革，更新了实验设备，大力开发综合性、设计性实验项目，实现实验内容由"单一型"向"综合型"转变，实验方法由"示范型"、"验证型"向"参与型"、"开发型"、"研究型"转变。在此基础上，我们编写了本书。

　　本书内容包括液压实验、气动实验及实验报告三个部分。

　　液压实验中的综合性实验和设计性实验，主要在 YCS-C 型智能液压实验台上进行。YCS-C 型智能液压综合实验台是具有多种控制形式及快速组装性能的综合性液压实验台，是目前国内较先进的液压综合教学实验设备。油液污染度检测实验在 ABAKUS 型油液污染度检测仪上进行。气动实验在 QD-A 型气动PLC 控制综合教学实验台上进行。QD-A 型气动综合教学实验台是由东北大学液压与气动实验室自行设计制造，具有继电器控制、PLC 控制、触摸屏操作、快速组装性能的综合性气动实验台，是目前国内较先进的气动综合教学实验台。这三种实验设备为综合性、设计性实验的教学提供了硬件保证。

　　由于水平所限，书中不妥之处，欢迎读者批评指正。

编　者

2008 年 3 月

目　录

第 I 部分　液　压　实　验

第Ⅱ部分　气　动　实　验

第Ⅲ部分　实　验　报　告

第 I 部分 液 压 实 验

1 液 压 基 础 实 验

1.1 液压泵拆装与结构分析实验

1.1.1 实验目的

通过对各种液压泵进行拆装，使学生对各个液压泵的结构深入了解，并能依据流体力学的基本概念和定律来分析总结容积式泵的特性，掌握各种液压泵的工作原理、结构特点、使用性能等。同时锻炼学生的实际动手能力。

1.1.2 实验任务

（1）了解液压泵的种类及分类方法；
（2）通过对液压泵的实际拆装操作，掌握各种液压泵的工作原理和结构；
（3）掌握典型液压泵的结构特点、应用范围及设计选型；
（4）按要求完成实验报告。

1.1.3 实验设备

设备名称：拆装实验台（包括拆装工具一套）。
拆装的液压泵名称（见图1-1）：
（1）CB 型（低压）、CBD1 型（中压）齿轮泵；
（2）YB、YB1 型双作用定量叶片泵、YBX 型单作用变量叶片泵；
（3）YCY 型变量、MCY 型定量轴向柱塞泵等。

图 1-1 部分型号液压泵

1—CB 型齿轮泵；2—CBD1 型齿轮泵；3—YB 型叶片泵；4—YBX 型叶片泵；5—轴向柱塞泵

1.1.4　实验内容

本实验包括三类液压泵，即齿轮泵（低压、中高压外啮合）、叶片泵（定量、变量）和轴向柱塞泵（各种变量形式）的拆装和结构分析。

由实验教师对以上各种液压泵的结构、工作原理及性能，结合实物、剖开的实物、泵透明模型及示教板等进行讲解，要求学生自己动手拆卸各种泵，在充分理解掌握课堂内容和如下内容的基础上，将拆开的液压泵正确组装。

本实验要求掌握的内容如下。

1.1.4.1　齿轮泵

齿轮泵具有结构简单，制造方便，成本低，价格低廉，体积小，重量轻，工艺性好，自吸能力强，对油液污染不敏感，工作可靠等优点，广泛应用于各种液压系统中。

（1）掌握 CB 型、CBD1 型外啮合齿轮泵的结构和工作原理，并能正确拆装。

（2）掌握外啮合齿轮泵产生困油、泄漏、径向力不平衡等现象的原因、危害及解决方法。

（3）CBD1 型齿轮泵典型结构：CBD1 系列齿轮泵额定工作压力达到了 20MPa。这种泵采用浮动轴套液压补偿轴向间隙的方法，使轴向间隙泄漏明显减少，有效地提高了工作压力。仔细观察其结构，找出补偿间隙的配件，分析其工作原理。

思考题：

（1）齿轮泵的困油是怎样形成的，有何危害，如何解决？

（2）如何提高外啮合齿轮泵的压力，典型结构有哪些？

（3）为什么齿轮泵一般做成吸油口大，出油口小？

（4）齿轮泵在结构上存在哪些问题？

（5）如何理解"液压泵压力升高会使流量减小"这句话？

1.1.4.2　叶片泵

叶片泵具有结构紧凑，流量均匀，噪声小，运动平稳等特点，因而被广泛应用于低、中压系统中。本实验拆装的叶片泵有双作用定量叶片泵和单作用变量叶片泵两种。

（1）主要掌握两种叶片泵的结构，理解其工作原理，使用性能，并能正确拆装。

（2）观察 YB（或 YB1）型双作用定量叶片泵的结构特点：定子环内表面曲线形状，配油盘的作用及尺寸角度要求，转子上叶片槽的倾角。

（3）观察限压式变量叶片泵的结构特点：转子上叶片槽的倾角，定子环的形状，配油盘的结构，泵体上调压弹簧及流量调节螺钉的位置。

（4）理解单作用变量叶片泵的使用性能。能够绘制其性能曲线。双作用叶片泵与单作用叶片泵结构上的主要区别。

思考题：

（1）YB 型（或 YB1 型）双作用定量叶片泵的结构上有什么特点？叙述其工作原理。

（2）困油问题是怎样解决的，配油盘上的三角槽的作用是什么？

（3）如何保证叶片与定子环的密封，双作用的含义是什么，组装时需注意哪几个问题？

（4）YBX 型内反馈限压式变量叶片泵泵体上的流量调节螺钉和限压弹簧调节螺钉各是哪个，它是如何变量的，它的叶片向哪个方向倾斜？

（5）YBX 型内反馈限压式变量叶片泵配油盘安装时有方向要求吗，为什么？这种泵有困油问题吗，性能曲线上的拐点标志什么？简述这种泵的优点及应用场合。

（6）内反馈和外反馈的含义是什么？

1.1.4.3 柱塞泵

柱塞泵具有额定压力高，结构紧凑，效率高及流量调节方便等优点，常用于高压、大流量和流量需要调节的场合。

柱塞泵按结构形式分成以下几类，如下所示：

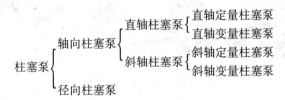

要求掌握轴向柱塞泵中直轴柱塞泵的结构和工作原理，以及变量柱塞泵中变量机构的种类和原理。

典型结构：YCY 型压力补偿式轴向变量柱塞泵。观察其结构特点，柱塞的构造、数量；斜盘的结构；变量机构的构造和作用。

思考题：

(1) 简述直轴轴向柱塞泵的结构和工作原理。

(2) 压力补偿变量柱塞泵是恒功率输出吗？

(3) 柱塞泵的应用特点有哪些？

1.1.5 实验报告

按本书第Ⅲ部分中对本实验的具体要求完成实验报告。

1.2 液压阀拆装与结构分析实验

1.2.1 实验目的

通过对力士乐系列各种液压阀进行拆卸和安装，使学生对各种液压阀的结构深入了解，从而掌握各种阀的工作原理、结构特点、使用性能等，锻炼学生实际动手能力。

1.2.2 实验任务

(1) 了解液压阀的种类及分类方法；

(2) 通过对液压阀的实际拆装操作，掌握各种液压阀的工作原理和结构；

(3) 掌握典型液压阀的结构特点、应用范围及设计选型；

(4) 按要求完成实验报告。

1.2.3 实验设备

设备名称：拆装实验台（包括拆装工具一套）。

拆装的部分液压阀名称（见图 1-2）：

(1) 方向控制阀：力士乐系列 WMM 型手动换向阀、WE 型电磁换向阀、WEH 型电液换向阀及单向阀等；

(2) 压力控制阀：力士乐系列 DB 型溢流阀、DR 型减压阀、DZ 型顺序阀；

(3) 流量控制阀：力士乐系列 MK 型单向节流阀、Z2FS 双单向节流阀、2FRM 型调速阀等。

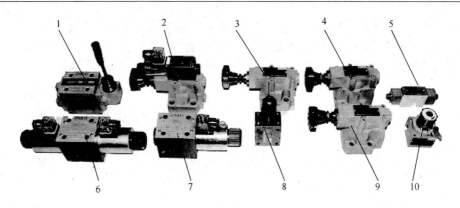

图 1-2 液压阀

1—WMM 型手动换向阀；2—DBW 型电磁溢流阀；3—DB 型先导式溢流阀；4—DR 型减压阀；
5—Z2FS 型双向节流阀；6，7—WE 型电磁换向阀；8—DBD 型直动式溢流阀；
9—DZ 型顺序阀；10—2FRM 型调速阀

1.2.4 实验内容

由实验教师对以上各种液压阀的结构、工作原理及性能，结合实物、剖开的实物、各种阀模型及示教板等进行讲解，要求学生自己动手拆卸各种阀，在充分理解掌握课堂内容和实验内容的基础上，将拆开的液压阀正确组装起来。

本实验要求掌握的内容如下。

1.2.4.1 液压阀的分类

液压阀按功能分类如下：

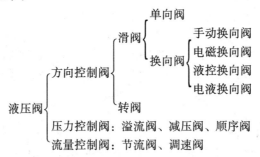

1.2.4.2 方向控制阀

控制液压系统中液流方向的阀。其工作原理是利用阀芯和阀体之间相对位置的改变来实现通道的接通和断开，以满足系统对通道的不同要求。方向控制阀主要分单向阀和换向阀两大类。主要了解 WMM 型手动换向阀、WE 型电磁换向阀、WEH 型电液换向阀的结构组成，工作原理，控制形式。能够正确拆装。了解换向阀的中位机能及应用。

思考题：

（1）换向阀的控制形式有哪几种？

（2）选择三位换向阀的中位机能时，从对液压系统工作性能的影响方面要考虑哪几方面问题？

（3）滑阀的液压卡紧现象是怎样产生的，从结构上分析是如何解决的？

（4）电液换向阀的先导阀的中位机能是什么？

1.2.4.3 压力控制阀

用于实现系统压力控制的阀统称压力控制阀。它们都是利用流体压力与阀内的弹簧力平衡的原理来工作的。常用的压力控制阀有溢流阀、减压阀、顺序阀和压力继电器等。掌握 DB 型溢流阀、DR 型减压阀、DZ 型顺序阀的结构组成和工作原理。

思考题:

（1）溢流阀:

1）溢流阀在系统中起什么作用，它有哪几种形式?

2）在先导式溢流阀中先导阀和主阀各起什么作用?

3）溢流阀调压的原理是什么?

4）如图 1-3 所示的原理图中，（a）、（b）系统中压力 p 各为多少?

（2）减压阀:

1）减压阀在系统中起什么作用，它是如何减压的?

2）它与溢流阀有什么区别，能实现远程控制吗?

（3）顺序阀:

1）顺序阀的工作原理是什么，与溢流阀的本质区别，它在系统中起的作用是什么?

2）DZ 型先导式顺序阀的控制油有哪几种形式，泄漏油有哪几种形式，整个阀可以组合成几种形式?

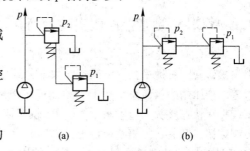

(a)   (b)

图 1-3　液压原理图

1.2.4.4 流量控制阀

流量控制阀包括节流阀和调速阀等。它们在系统中用来调节流量，以便控制执行元件的运动速度。掌握 MK 型单向节流阀、Z2FS 型双单向节流阀、2FRM 型调速阀等的结构组成及工作原理。

思考题:

（1）简述节流阀的结构特点。由于它存在的缺点，其适用于什么场合?

（2）调速阀是由哪两个阀组成的? 简述它的工作原理。

（3）调速阀中的减压阀是定差的还是定值的，最小压差是多大?

（4）在定量泵供油的节流调速系统中，必须选择什么样的阀配合使用?

1.2.5 实验报告

按本书第Ⅲ部分中对本实验的具体要求完成实验报告。

2　液压综合实验

　　液压综合实验的目的是培养学生学习液压课程的兴趣，提高实际动手能力，拓宽知识面，增强创新意识，提高知识的综合运用能力。

　　由于采用不同的软件编程和不同的设备，液压综合实验分为性能测试实验、回路实验及油液污染度检测实验三部分。前两部分实验在YCS-C型智能液压综合教学实验台上进行。

　　下面对该实验设备的结构和操作进行说明。

2.1　YCS-C型智能液压实验台简介

　　YCS-C型智能液压综合实验台是具有多种控制形式、快速组装性能的综合性液压实验台，由主操作台、辅助平台、电脑桌三大部分组成。主操作台包括液压站、T形槽板、电器控制面板等。液压站为液压系统提供压力油；在T形槽板上可以快速安装液压元件（液压元件事先安装在有快速接头的过渡板上），用带快速接头的油管连接液压元件。电器控制面板包括各种控制按钮、开关、仪表及接口等。本实验台有多种控制形式，包括继电器控制、可编程控制器（PLC）控制、计算机控制等。实验台结构如图2-1所示。

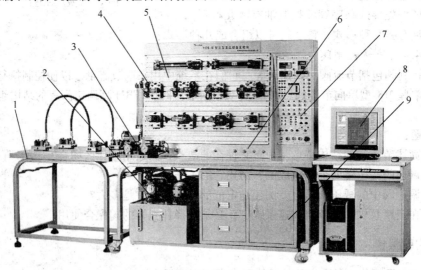

图2-1　YCS-C型智能液压实验台结构图

1—辅助平台；2—液压站；3—液压泵调压阀组；4—带过渡底板和快速接头的液压元件；

5—主操作台T形槽板；6—输出、输入油口；7—电器控制面板；

8—计算机；9—液压元件柜

2.1.1　实验台性能及特点

　　YCS-C型智能液压实验台具有以下的性能特点：

　　（1）液压泵站采用定量齿轮泵、变量叶片泵与电器控制相结合，能控制工作介质温度。回路中有多个滤油器，根据滤芯的型号、过滤精度的不同，能较精确地控制油液污染度。

　　（2）实验操作台采用立式结构，操作面采用T形铝合金型材制作，安装面积大，能进行快速拼装实验，可根据实验项目原理图，选用相应的元件快速组成液压实验回路，通过电磁换向阀动作的控制和相关液压阀的调节进行实验。

（3）实验台旁边配置一套辅助平台，平台操作面采用 T 形铝型材制作，可以在平台上做扩展性实验。

（4）液压系统采用双泵系统，采用风冷却器冷却，控制油温。

（5）电器控制系统不但具有继电器基本控制功能，而且有 PLC 控制、计算机控制等多种控制方式。

（6）电源模块带三相漏电保护、输出电压 380V/220V，对地漏电电流超过 30mA 即切断电源；电气控制采用直流 24V 电源，并带有过压保护，防止误操作损坏设备。

（7）控制柜设计人性化，测试软件具有强大的测试功能及多种帮助功能。

（8）配置了各类型传感器，如压力传感器、流量传感器、温度传感器、位移传感器等，以满足各项实验参数测试的需要。

2.1.2　控制测试系统功能特点

实验台的控制测试系统的功能特点包括：

（1）实验台的计算机控制测试系统由计算机、数据采集卡、接口板、传感器和电磁阀等组成。

（2）系统软件开发采用美国 NI 公司的 LabVIEW，软件界面直观性强，操作方便，功能齐全，交互性好，除具有实测功能以外，还具有虚拟教学的功能，教师可以利用界面提供的数据窗口输入不同的数据，得出不同的分析曲线，从而完成多种配置的理论分析。

（3）控制测试系统实现实验室参数（压力、流量、转速、温度、位移等）的自动数据检测，自动处理、存储、自动生成实验报告和打印输出等功能。

（4）系统能实现回路电磁阀的自动控制，提高了实验台操作的自动化和智能化水平。

（5）系统可同时进行 16 路实验数据的采集和 6 个二位电磁阀的控制。

2.1.3　控制测试系统说明

实验台的计算机控制测试系统由计算机、数据采集卡、接口板、传感器和电磁阀等组成，如图 2-2 所示。

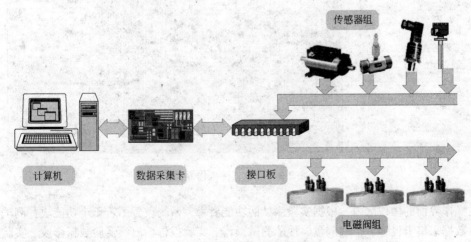

图 2-2　计算机控制测试系统

　　实验台配置了各种类型传感器，包括压力传感器、流量传感器、转速传感器、功率传感器和位移传感器等，以满足各项实验参数测试的需要。实验台是采用快速拼装结构，实验人员可根据实验项目原理图，选用相应的液压元件快速组成液压实验回路，通过电磁换向阀动作的控制及相关液压阀的调节进行实验。

　　实验台计算机测试控制系统实现实验参数（压力、流量、转速、功率、位移等）的自动数据检测、自动处理计算和存储等，还能实现回路电磁阀的自动控制，提高了实验台操作的自动化和智能化水平。实验台可以同时进行 16 路实验数据的采集和 8 个二位电磁阀的控制。

　　实验台的计算机控制测试软件是用美国 NI 公司的 LabVIEW 开发的，软件界面直观性强、操作方便、功能齐全、交互性好。

　　软件安装完成后，只要点击计算机桌面上的图标，进入 YCS-C 型智能液压综合实验台测试控制系统的主界面，点击【进入】进入软件的实验项目选择界面。YCS-C 型智能液压综合实验台软件可完成 11 项液压综合实验：液压泵性能实验、细长孔液阻特性实验、薄壁小孔液阻特性实验、同心环形缝隙液阻特性实验、溢流阀静态性能实验、溢流阀动态性能实验、减压阀静态性能测试、节流调速回路性能测试、液压缸性能测试、液压马达性能测试等。

　　点击一个实验项目图标时（如液压泵性能测试），界面下栏框内显示该项实验的目的和操作功能。双击该实验项目图标时，立刻弹出该实验项目的操作界面（以下以"液压泵性能测试实验"为例），如图 2-3 所示。界面可分为三个区：左右两侧为操作区，中间为图形表格显示区。

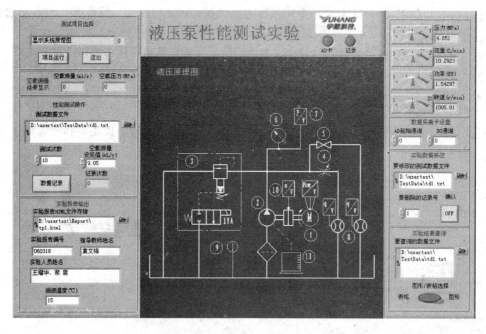

图 2-3　实验软件操作界面

　　在操作界面的操作区内，根据实验测试的功能要求，系统设置了若干个功能块：测试项目选择、数据采集卡设置、空载测量、性能测试操作、实验报告输出、实验数据修改、实验结果查询、电机效率查询等。

2.1.3.1　测试项目选择

在【测试项目选择】框内，鼠标点击编辑框，出现下拉式菜单呈现实验操作项目，如图 2-4 所示。用户根据实验步骤的要求选定一个测试操作项目进行实验。软件设计的液压泵性能实验的测试操作项目有：显示系统液压原理图、测试泵的空载排量、测试泵的基本性能、实验结果表显示、实验曲线显示、实验报告输出、删除实验记录、实验结果查询、电机效率查询等。

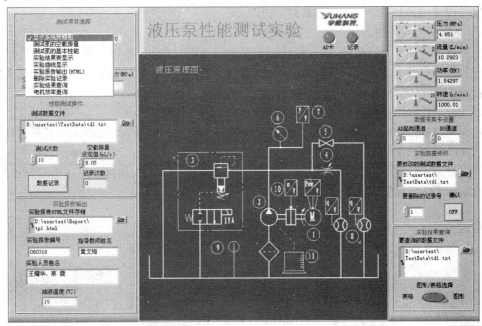

图 2-4　实验项目选择界面

（1）测试准备

液压泵性能实验采用逐点测试方法进行的，即手工将液压泵调到预定工作点，在每个工作点计算机自动地对泵的相关工作参数进行数据采集和记录。在测试前，用户必须先输入测试参数：在【测试次数】编辑框中填入测试次数、测试数据文件的目录和文件名（必须是 .txt 格式）。

在测试操作时，实验人员每调整好液压泵的一个工作点后，用鼠标点击一次【数据记录】，计算机自动对液压泵的相关传感器进行一次数据采集并记录到设置的数据文件中，同时【记录次数】内的数加 1，【记录】灯变一次颜色。当测试次数达到设定值时，测试自动停止。

（2）实验报告输出功能

YCS-C 型智能液压综合实验台软件具有对实验数据进行计算处理、自动生成实验报告和打印输出等功能。用户可在【测试泵的基本性能】、【实验结果表显示】、【实验曲线显示】等项目运行后，进行【实验报告输出】操作。这时用户必须在相应的栏目内填写：实验报告存储的路径和文件名（.html 格式）、实验报告编号、实验人员姓名、指导教师姓名、油液温度等。

（3）修改数据文件功能

软件具有对实验文件数据记录进行删除修改功能。用户须在实验数据修改框内，填写要修改的测试数据文件名和要删除的记录号，然后可进行【删除实验记录】操作。

（4）实验结果查询功能

软件具有对已完成测试的实验结果数据和实验曲线进行查询的功能。用户须在实验结果查询内，填写要查询的测试数据文件名；用鼠标将拨动开关置于【表格】，执行后，在界面显示区内出现测试结果表；若将拨动开关置于【图形】，执行后，在界面显示区内出现实验曲线。

（5）测试软件操作

在【测试项目选择】内，鼠标点击编辑框，出现下拉式菜单呈现实验操作项目，依次选择测试项目，做好测试准备工作后，鼠标按【项目运行】键执行该项目的操作。在任何情况下，鼠标按【退出】键，自动退出软件运行。

a　显示系统原理图

鼠标点击【测试项目选择】，选择【显示系统原理图】，然后鼠标点击测试项目选择【项目运行】键，显示区内呈现液压泵性能测试的液压原理图和测试方法说明。实验人员根据所显示的液压原理图，准备液压元件、传感器、管件等，并接好回路。

b　测试泵的基本性能

用户在接好回路调好泵的工作参数后，即可开始测试。用户输入测试参数；鼠标选择测试项目选择的【测试泵的基本性能】；鼠标点击测试项目选择【项目运行】，测试系统进入测试状态，实时显示参数内的数字在不断更新。在预定的工作点，用户鼠标点按【数据记录】，计算机自动将实验数据记录在实验数据表。

c　实验结果表显示

用户在完成测试后，鼠标选择测试项目选择的【实验结果表显示】；鼠标点击测试项目选择【项目运行】，显示区自动切换，显示实验结果表，如图 2-5 所示。

图 2-5　实验结果表显示界面

用户可以通过实验结果表了解这次实验数据和结果。

d　实验曲线显示

用户在完成测试后，鼠标选择测试项目选择的【实验曲线显示】；鼠标点击测试项目选择【项目运行】，显示区自动切换，显示实验曲线：液压泵效率（容积效率、机械效率和总效率）特性曲线和液压泵功率特性曲线，如图2-6所示。用户可以通过实验曲线直观地了解本次实验结果。

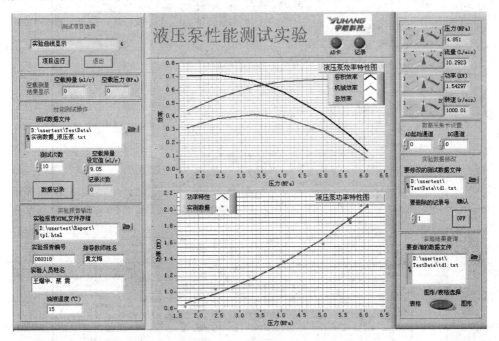

图2-6 实验曲线显示界面

e 实验报告输出

用户在完成测试后，需要输出实验报告，可在【实验报告输出】栏内填写实验报告存储路径和文件名、实验报告编号等。用户鼠标选择测试项目选择的【实验报告输出】；鼠标点击测试项目选择【项目运行】，计算机自动将实验数据整理出实验报告，生成一个超级文本格式（.html）的文件存储在用户设置的目录文件名下，如图2-7所示。用户可以将该文件拷贝或由打印机输出。

f 删除实验记录

用户在完成测试后，若需要删除一个或几个实验记录，可以做如下操作：在修改数据文件内，填入所要修改测试数据文件路径和名称；鼠标选择测试项目选择的【删除实验记录】；鼠标点击测试项目选择【项目运行】，显示区自动切换，显示实验数据表；在修改数据文件内，填入所要删除的记录号，鼠标点击【确认】后，该条数据记录从文件中删除。

g 实验结果查询

用户需要查询过去已做过的实验并且数据仍然保留在磁盘上，可以做如下操作：

在实验结果查询框内，填入所要查询的测试数据文件路径和名称；在实验结果查询内，选择查询方式：表格或图形；鼠标选择测试项目选择的【实验结果查询】；鼠标点击测试项目选择【项目运行】，显示区自动切换，显示实验结果表（或实验曲线）。

2.1.3.2 数据采集卡设置

用户可根据实验要求，设置 AD 通道的起始通道和 DO 通道。实验所用的 AD 通道软件内部已设定，AD 通道是连续使用的。DO 通道设置用二进制，由所驱动的电磁铁决定。

2.1.3.3 电机效率查询

电机效率特性曲线在专用的实验台上进行测试的。为了方便用户，软件设计了电机效率查询功能。鼠标选择测试项目选择的【电机效率查询】；鼠标点击测试项目选择【项目运行】，自动弹出电机效率界面，如图2-8所示。用户可方便计算各电机功率下的电机效率。

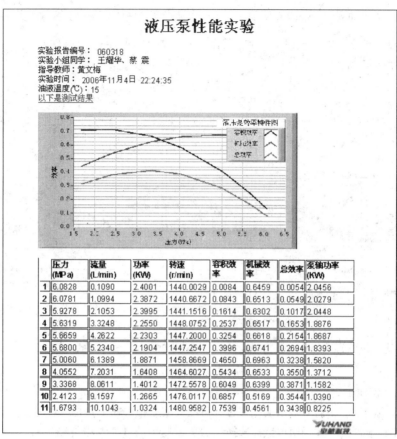

图 2-7　实验报告例图

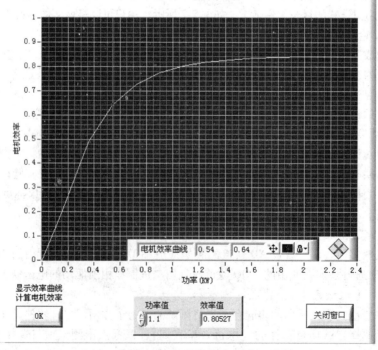

图 2-8　电机效率界面

2.1.4　控制面板说明

控制面板按功能和位置分为4个模块，如图2-9所示。

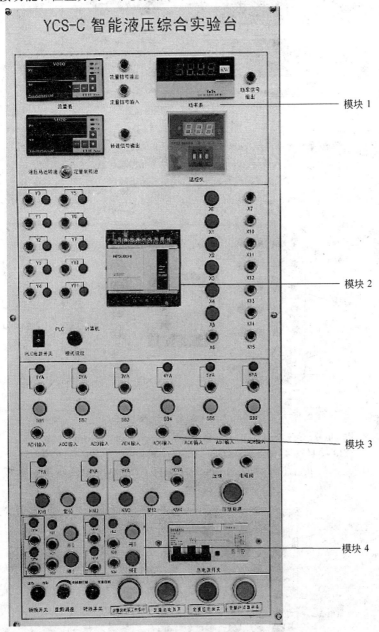

图2-9　电器控制面板示意图

各个模块面板结构示意如图2-10～图2-13所示。

2.1.5　液压站说明

YCS-C型智能液压综合实验台的液压站采用双泵供油系统，定量齿轮泵和变量叶片泵各一台，所配电动机额定功率分别为1.5kW、2.2kW，两种泵额定压力均为7MPa。定量齿轮泵驱动电机安装

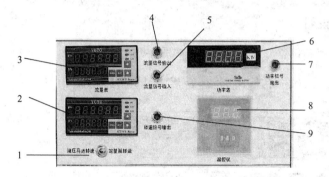

图 2-10　模块 1 结构

1—马达转速/泵转速选择开关；2—转速表；3—流量表；4—流量信号输出插口；
5—流量信号输入插口；6—功率表；7—功率信号输出插口；8—温度表
（带温控器）；9—转速信号输出插口

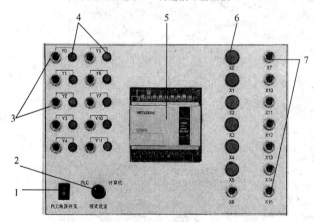

图 2-11　模块 2 结构

1—PLC 电源开关；2—PLC/计算机模式选择开关；3—PLC 输出插孔（Y0～Y7，
Y10～Y11）；4—输出指示灯；5—PLC（可编程控制器）；6—PLC 输入
按钮（X0～X5）；7—PLC 输入插口（X7，X10～X15）

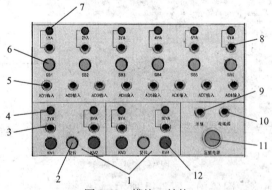

图 2-12　模块 3 结构

1—互锁继电器组（两组）；2—复位按钮；3—继电器电源插孔；4—继电器开关指示灯；
5—传感器信号输入插孔（AD1～AD8）；6—DO 输出控制按钮（SB1～SB6）；
7—DO 输出指示灯（1YA～6YA）；8—DO 输出插孔；9—压力继电器输入插口；
10—压力继电器控制电磁阀输出插口；11—压力继电器电源控制按钮

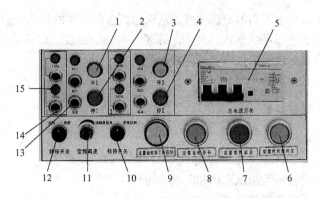

图 2-13　模块 4 结构

1—Ⅰ组启动指示灯；2—Ⅰ组停止指示灯；3—Ⅱ组启动指示灯；4—Ⅱ组停止指示灯；5—总电源开关；
6—变量叶片泵开关；7—齿轮泵停止按钮；8—齿轮泵启动按钮；9—齿轮泵工作
指示灯；10—电机继电器控制/变频控制转换开关；11—调速按钮；
12—冷却/加热转换开关；13—行程开关输入插口；
14—输出插口；15—输出指示灯

了晶闸管变频调速系统，通过控制电器控制面板上的旋钮可以调节电动机转速以改变齿轮泵流量。液压油的冷却采用风冷却系统。当液压油温度高于临界油温时，启动风冷却器降温。

　　液压站原理图如图 2-14 所示。

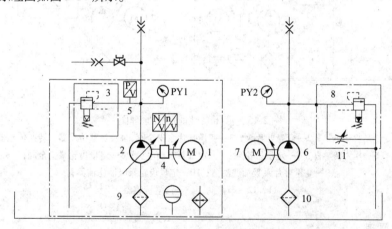

图 2-14　YCS-C 液压站原理图

1—变量泵驱动电机；2—变量叶片泵；3—变量叶片泵安全阀；4—功率传感器、转速传感器；
5—压力传感器；6—定量齿轮泵；7—定量泵驱动电机；8—定量齿轮泵安全阀；
9—变量叶片泵吸油滤油器；10—定量齿轮泵吸油滤油器；11—节流阀

2.2　液压综合实验 I ——性能测试实验

　　综合实验中的液压元件性能测试实验基于湖南宇航公司开发的计算机控制系统，硬件环境为 YCS-C 型智能液压实验台。计算机控制测试系统由计算机、数据采集卡、接口板、传感器和电磁阀等组成。

　　系统软件是用美国 NI 公司的 LabVIEW 开发的，软件界面直观性强，操作方便，功能齐全，交互性好，除具有实测功能以外，还具有虚拟教学的功能。教师可以利用界面提供的数据窗口输入不同的数据，得出不同的分析曲线，从而做到多种配置的理论分析。

控制测试系统实现液压系统参数（压力、流量、转速、温度、位移等）的自动数据检测、自动处理、存储、自动生成实验报告和打印输出等功能。

以下对各项实验进行详细介绍。

2.2.1　液压泵性能测试实验

2.2.1.1　实验目的

（1）了解液压泵主要特性（功率特性、效率特性）和测试装置；

（2）掌握液压泵主要特性测试原理和测试方法。

2.2.1.2　实验装置及实验原理

A　实验装置

本实验所用设备为 YCS-C 型智能液压综合教学实验台，测试原理图如图 2-15 所示。

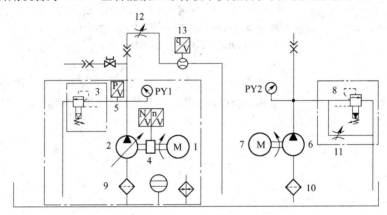

图 2-15　液压泵性能测试原理图

1—变量泵驱动电机；2—变量叶片泵；3—变量叶片泵安全阀；4—功率传感器、转速传感器；
5—压力传感器；6—定量齿轮泵；7—定量泵驱动电机；8—定量齿轮泵安全阀；
9—变量叶片泵吸油滤油器；10—定量齿轮泵吸油滤油器；
11，12—节流阀；13—流量传感器

B　实验原理

a　液压泵的空载性能测试

液压泵的空载性能测试主要是测试泵的空载排量。

液压泵的排量是指在不考虑泄漏情况下，泵轴每转排出油液的体积。理论上，排量应按泵密封工作腔容积的几何尺寸精确计算出来；工业上，以空载排量取而代之。空载排量是指泵在空载压力（不超过 5% 额定压力或 0.5MPa 的输出压力）下泵轴每转排出油液的体积。

测试时，将节流阀 12 全关，溢流阀 3 调至高于泵的额定工作压力，启动被试液压泵 2，待稳定运转后，将节流阀 12 全开，压力传感器 5 显示数值满足空载压力要求，测试记录泵流量 q（L/min）和泵轴转速 n（r/min），则泵的空载排量 V_0 可由下式计算：

$$V_0 = \frac{q}{1000 \times n} \, (\mathrm{m^3/r})$$

b　液压泵的流量特性和功率特性测试

液压泵的流量特性是指泵的实际流量 q 随出口工作压力 p 变化特性。

液压泵的功率特性是指泵轴输入功率随出口工作压力 p 变化特性。

测试时，将溢流阀 3 调至高于泵的额定工作压力，用节流阀 12 给被试液压泵 2 由低至高逐点加载。测试时，记录各点泵出口压力 p（MPa）、泵流量 q（L/min）、电机功率 P（kW）和泵轴转速 n（r/min），用测试数据绘制泵的效率特性曲线和功率特性曲线。

c　液压泵的效率特性（机械效率、容积效率、总效率）测试

液压泵的效率特性是指泵的容积效率、机械效率和总效率随出口工作压力 p 变化特性。

测试时，将溢流阀 3 调至高于泵的额定工作压力，用节流阀 12 给被试液压泵 2 由低至高逐点加载。测试时，记录各点泵出口压力 p（L/min）、泵流量 q（L/min）、电机输入功率 P（kW）和泵轴转速 n（r/min）。实测的电机效率（η_{motor}）特性数据已存入文件，供计算时调用。

液压泵的实际排量：$V = \dfrac{q}{1000 \times n}$（m³/r）

液压泵的容积效率：$\eta_V = \dfrac{V}{V_0}$

液压泵轴输入功率：$P_{pump} = P\eta_{motor}$

液压泵的总效率：$\eta = \dfrac{pq}{60P\eta_{motor}}$

液压泵的机械效率：$\eta_m = \dfrac{\eta}{\eta_V}$

将测试数据绘制泵的效率特性曲线。

C　实验软件操作功能

软件的操作功能：显示液压原理图、测试泵的空载排量、测试泵的基本性能、实验数据表显示、实验曲线显示、实验报告输出（.html 格式）、删除实验记录、实验结果查询、电机效率查询等。

实验软件界面如图 2-16 所示。

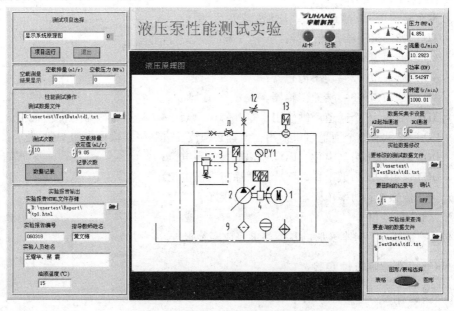

图 2-16　液压泵性能测试软件界面

2.2.1.3 实验步骤

A 空载排量测试

(1) 在【测试项目选择】栏选择【测试泵的空载排量】；

(2) 全开节流阀 12，使液压泵处于空载状态；

(3) 启动液压系统，液压泵转动，液压泵出口压力 p 批应小于 0.5 MPa；

(4) 按【测试项目选择】中【项目运行】键，空载排量的测试值记录在【空载排量测试结果显示】栏内；

(5) 一般测试 5 次，计算其平均值，并填写在【性能测试操作】的编辑框【空载排量设定值】内。

B 液压泵性能测试

(1) 在【测试项目选择】选择【测试泵的基本性能】；根据泵的工作压力测试区间，由小至大设置若干个测压点；

(2) 将节流阀 12 全松，使液压泵处于压力最小状态；

(3) 在【性能测试操作】栏内的编辑框中，填写【测试次数】、【测试数据文件】和【空载排量设定值】；

(4) 按【测试项目选择】中【项目运行】键，【AD 卡】指示灯变为绿色，表明测试系统工作正常；

(5) 按【性能测试操作】中【数据记录】键，第一个测试数据记录在【实验数据表】的第一行内；

(6) 细心将节流阀 12 旋紧一点，使液压泵工作压力升至下一个测压点；

(7) 按【性能测试操作】中【数据记录】键，下一个测试数据记录在【实验数据表】的下一行内；

(8) 重复（6）、（7）的操作，直至预设的全部测压点完成测试。

测试操作必须按预设的测压点由小到大进行操作。若想在已设的数据文件名下增加测试数据，可重复上面操作。若想在已设的数据文件名下删除某一记录数据，可在【实验数据修改】栏中进行操作。

数据采集接线说明

(1) 本实验使用 AD 通道 4 个，DO 通道 0 个。

(2) AD 起始通道→压力传感器；

　　AD 起始通道 +1→流量传感器（空载用固定的传感器）；

　　AD 起始通道 +2→功率传感器；

　　AD 起始通道 +3→转速传感器。

(3) AD 卡共有 16 个通道可供使用，即 1～16，默认 AD 起始通道为 1 通道。

(4) DO 通道共有 8 个通道可供使用，设置必须按二进制格式输入，如 1101 表示：

　　DO1 通道输出为高电位；DO2 通道输出为高电位；

　　DO3 通道输出为低电位；DO4 通道输出为高电位。

(5) 转速传感器和功率传感器按说明书连接好。

2.2.1.4 实验报告

按本书第 Ⅲ 部分中对本实验的具体要求完成实验报告。

2.2.2 薄壁小孔液阻特性实验

2.2.2.1 实验目的

(1) 了解薄壁小孔液阻特性和测试装置；

（2）掌握薄壁小孔流量特性测试原理和测试方法；

（3）比较和分析实际流量特性和理论流量特性的差别。

2.2.2.2 实验装置及实验原理

A 实验装置

本实验所用设备为 YCS-C 型智能液压综合教学实验台，液压原理图如图 2-17 所示。

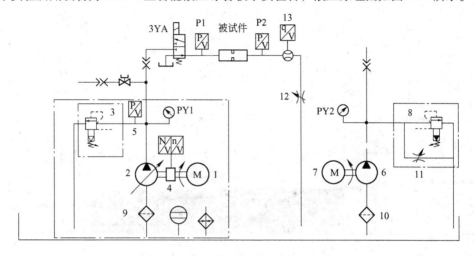

图 2-17 薄壁小孔液阻特性实验液压原理图

1—变量泵驱动电机；2—变量叶片泵；3—变量叶片泵安全阀；4—功率传感器、转速传感器；

5—压力传感器；6—定量齿轮泵；7—定量泵驱动电机；8—定量齿轮泵安全阀；

9，10—滤油器；11，12—节流阀；13—流量传感器

B 实验原理

测试薄壁小孔压差-流量特性时，将薄壁小孔试件置于实验油路中，通过节流阀 12 的调整，由小至大逐点改变通过试件的流量，测量记录薄壁小孔入口压力 p_1（MPa）、出口压力 p_2（MPa）和流量 q（L/min），将测试数据绘制 Δp-q 特性曲线。$\Delta p = p_1 - p_2$。

理论上，薄壁小孔前后压差 Δp 与通过薄壁小孔流量 q 之间的关系可由下式计算：

$$q = C_d A_0 \sqrt{\frac{2\Delta p}{\rho}}$$

式中，C_d 为薄壁小孔流量系数；A_0 为薄壁小孔几何面积；ρ 为液体密度。

C 实验软件操作功能

软件的操作功能：显示液压原理图、测试数据、实验结果表显示、实验曲线显示、输出实验报告（.html 格式）、删除实验记录、实验结果查询等。

实验软件界面如图 2-18 所示。

2.2.2.3 实验步骤

（1）启动电动机，调节溢流阀 3 使泵出口压力表显示适当值（压力值的大小由被测元件液阻特性决定）；

（2）在【输入实验参数】栏的编辑框内填写相应的数据；根据测试流量范围，由小到大设置流量测量点；

（3）在【实验项目选择】栏内选择【测试数据】，按【项目运行】键；

（4）在【测试数据操作】栏内的编辑框内，填写【测试次数】和【测试数据文件】名；

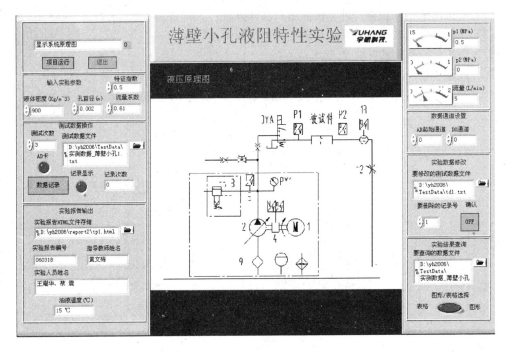

图 2-18　薄壁小孔液阻特性实验软件界面

（5）调节节流阀 12，同时观察显示区流量 q（L/min）值，使其在流量测量点最小值附近；

（6）按【数据记录】键，测试数据记录在【实验数据表】中；

（7）调节节流阀 12，同时观察显示区流量 q（L/min）值，使其在下一个流量测量点附近；重复操作（6）、（7），直至测试完成。

测试操作必须按预设的流量测量点由小到大进行操作；若想在已设的数据文件名下增加测试数据，可重复上面操作；若想在已设的数据文件名下删除某一记录数据，可在【实验数据修改】栏中进行操作。

数据采集接线说明

（1）本实验使用 AD 通道 3 个，DO 通道 1 个。

（2）AD 起始通道→压力传感器 p1；

　　　 AD 起始通道 +1→压力传感器 p2；

　　　 AD 起始通道 +2→流量传感器 q。

（3）AD 卡共有 16 个通道可供使用，即 1～16，默认 AD 起始通道为 1 通道。

（4）DO 通道共有 8 个通道可供使用，设置必须按二进制格式输入，如 1101 表示：

　　　 DO1 通道输出为高电位；DO2 通道输出为高电位；

　　　 DO3 通道输出为低电位；DO4 通道输出为高电位。

2.2.2.4　实验报告

按本书第 III 部分中对本实验的具体要求完成实验报告。

2.2.3　细长孔液阻特性实验

2.2.3.1　实验目的

（1）了解细长孔液阻特性和测试装置；

（2）掌握细长孔流量特性测试原理和测试方法；

（3）比较和分析实际流量特性和理论流量特性的差别。

2.2.3.2　实验装置及实验原理

A　实验装置

本实验所用设备为 YCS-C 型智能液压综合教学实验台，液压原理图如图 2-19 所示。

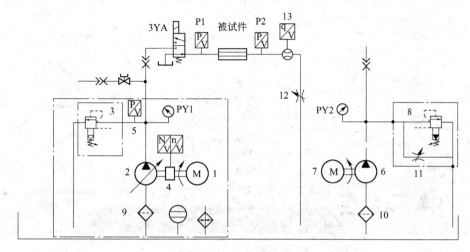

图 2-19　细长孔液阻特性实验液压原理图

1—变量泵驱动电机；2—变量叶片泵；3—变量叶片泵安全阀；4—功率传感器、转速传感器；
5—压力传感器；6—定量齿轮泵；7—定量泵驱动电机；8—定量齿轮泵安全阀；
9，10—滤油器；11，12—节流阀；13—流量传感器

B　实验原理

测试细长孔压差-流量特性时，将细长孔试件置于实验油路中，通过节流阀 12 的调整，由小至大逐点改变通过试件的流量，测量记录细长孔入口压力 p_1（MPa）、出口压力 p_2（MPa）和流量 q（L/min），将测试数据绘制 Δp-q 特性曲线，其中 $\Delta p = p_1 - p_2$。

理论上，细长孔前后压差 Δp 与通过细长孔流量 q 之间的关系可由下式计算：

$$q = \frac{\pi d^4}{128\mu L}\Delta p$$

式中，μ 为液体动力黏度；d 为细长孔直径；L 为细长孔长度。

C　实验软件功能

软件的操作功能：显示液压原理图、测试数据、实验结果表显示、实验曲线显示、输出实验报告（.html 格式）、删除实验记录、实验结果查询。

实验软件界面如图 2-20 所示。

2.2.3.3　实验步骤

（1）启动电动机，调节溢流阀 3 使泵出口压力表显示值适当（由被测元件液阻特性决定）；

（2）在【输入实验参数】栏内的编辑框内填写相应的数据。根据测试流量范围，由小到大设置流量测量点；

（3）在【实验项目选择】栏内选择【测试数据】，按【项目运行】键；

（4）在【测试数据操作】栏内的编辑框内，填写【测试次数】和【测试数据文件】名；

（5）调节节流阀 12，同时观察显示区流量 q（L/min）值，使其在流量测量点最小值附近；

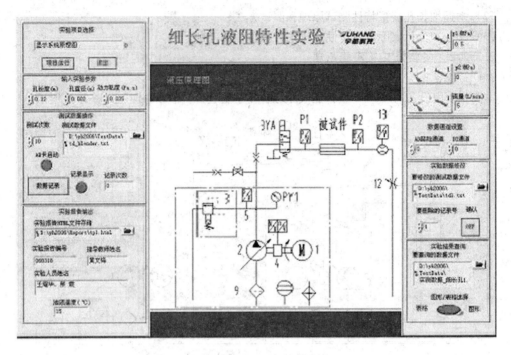

图 2-20　细长孔液阻特性实验软件界面

（6）按【数据记录】键，测试数据记录在【实验数据表】中；

（7）调节节流阀 12，同时观察显示区流量 q（L/min）值，使其在下一个流量测量点附近；重复操作（7），直至测试完成。

测试操作必须按预设的流量测量点由小到大进行操作；若想在已设的数据文件名下增加测试数据，可重复上面操作；若想在已设的数据文件名下删除某一记录数据，可在【实验数据修改】栏中进行操作。

数据接口连接说明

（1）本实验使用 AD 通道 3 个，DO 通道 1 个；

（2）AD 起始通道→压力传感器 p1；

　　　AD 起始通道 +1→压力传感器 p2；

　　　AD 起始通道 +2→流量传感器 q。

　　　AD 卡共有 16 个通道可供使用，即 1～16，默认 AD 起始通道为 1 通道；

（3）DO 通道共有 8 个通道可供使用，设置必须按二进制格式输入，如 1101 表示：

　　　DO1 通道输出为高电位；DO2 通道输出为高电位；

　　　DO3 通道输出为低电位；DO4 通道输出为高电位。

2.2.3.4　实验报告

按本书第Ⅲ部分中对本实验的具体要求完成实验报告。

2.2.4　环形缝隙液阻特性实验

2.2.4.1　实验目的

（1）了解环形缝隙液阻特性和测试装置；

（2）掌握环形缝隙流量特性测试原理和测试方法；

（3）比较和分析实际流量特性和理论流量特性的差别。

2.2.4.2 实验装置及实验原理

A 实验装置

本实验所用设备为 YCS-C 型智能液压综合教学实验台，液压原理图如图 2-21 所示。

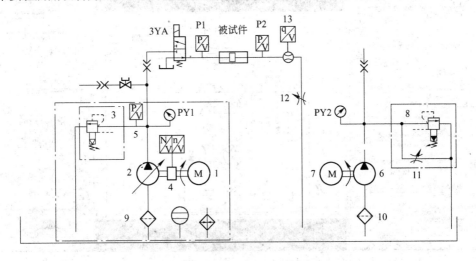

图 2-21 环形缝隙液阻特性实验液压原理图

1—变量泵驱动电机；2—变量叶片泵；3—变量叶片泵安全阀；4—功率传感器、转速传感器；

5—压力传感器；6—定量齿轮泵；7—定量泵驱动电机；8—定量齿轮泵安全阀；

9，10—滤油器；11，12—节流阀；13—流量传感器

B 实验原理

测试环形缝隙压差-流量特性时，将环形缝隙试件置于实验油路中，通过节流阀 12 的调整，由小至大逐点改变通过试件的流量，测量记录环形缝隙入口压力 p_1（MPa）、出口压力 p_2（MPa）和流量 q（L/min），将测试数据绘制成 Δp-q 特性曲线，其中 $\Delta p = p_1 - p_2$。

理论上，同心环形缝隙前后压差 Δp 与通过环形缝隙流量 q 之间的关系可由下式计算：

$$q = \frac{bh^3}{12\mu L}\Delta p$$

$$h = \frac{D - d}{2}$$

式中，μ 为液体动力黏度；b 为缝隙宽度；L 为缝隙长度；h 为缝隙高度；D 为套筒直径；d 为柱塞直径。

C 实验软件功能

软件的操作功能：显示液压原理图、测试数据、实验结果表显示、实验曲线显示、输出实验报告（.html 格式）、删除实验记录、实验结果查询等。

实验软件界面如图 2-22 所示。

2.2.4.4 实验步骤

（1）启动电动机，调节溢流阀 3 使泵出口压力表显示值适当（由被测元件液阻特性决定）；

（2）在【输入实验参数】栏内的编辑框内填写相应的数据。根据测试流量范围，由小到大设置流量测量点；

（3）在【实验项目选择】栏内选择【测试数据】，按【项目运行】键；

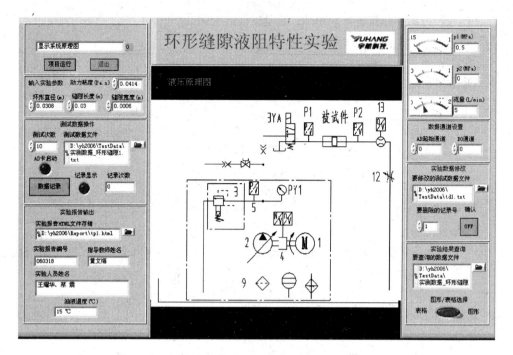

图 2-22　环形缝隙液阻特性实验软件界面

（4）在【测试数据操作】栏内的编辑框内，填写【测试次数】和【测试数据文件】名；

（5）调节节流阀 12，同时观察显示区流量 q（L/min）值，使其在流量测量点最小值附近；

（6）按【数据记录】键，测试数据记录在【实验数据表】中；

（7）调节节流阀 12，同时观察显示区流量 q（L/min）值，使其在下一个流量测量点附近；重复操作（7），直至测试完成。

测试操作必须按预设的流量测量点由小到大进行操作；若想在已设的数据文件名下增加测试数据，可重复上面操作；若想在已设的数据文件名下删除某一记录数据，可在【实验数据修改】栏中进行操作。

数据采集接线说明

（1）本实验使用 AD 通道 3 个，DO 通道 1 个。

（2）AD 起始通道→压力传感器 p1；

　　　AD 起始通道 +1→压力传感器 p2；

　　　AD 起始通道 +2→流量传感器 q。

（3）AD 卡共有 16 个通道可供使用，即 1～16，默认 AD 起始通道为 1 通道。

（4）DO 通道共有 8 个通道可供使用，设置必须按二进制格式输入，如 1101 表示：

　　　DO1 通道输出为高电位；DO2 通道输出为高电位；

　　　DO3 通道输出为低电位；DO4 通道输出为高电位。

2.2.4.5　实验报告

按本书第 III 部分中对本实验的具体要求完成实验报告。

2.2.5　溢流阀静态性能实验

2.2.5.1　实验目的

（1）了解溢流阀静态特性测试装置；

（2）掌握溢流阀调压范围、压力振摆、压力偏移等主要静态特性的物理意义和测试方法；

（3）掌握溢流阀启闭特性曲线测试原理和方法并能正确分析测试结果。

2.2.5.2　实验装置及实验原理

A　实验装置

本实验所用设备为 YCS-C 型智能液压综合教学实验台，液压原理图如图 2-23 所示。

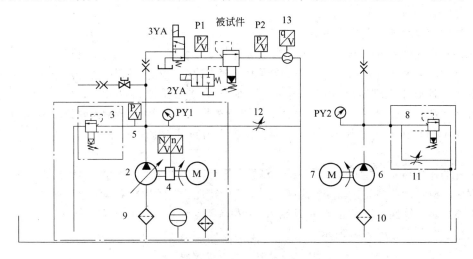

图 2-23　溢流阀静态特性实验液压原理图

1—变量泵驱动电机；2—变量叶片泵；3—变量叶片泵安全阀；4—功率传感器、转速传感器；
5—压力传感器；6—定量齿轮泵；7—定量泵驱动电机；8—定量齿轮泵安全阀；
9，10—滤油器；11，12—节流阀；13—流量传感器

B　实验原理

a　调压范围测量

将被试溢流阀置于实验油路中，通过节流阀 12 的调整，设定通过被试阀的液压油流量（如阀的额定流量），调节被试阀的调压手柄从全紧至全松，测量记录这两种工况下被试阀进口压力 p_1（MPa），计算其差值。反复实验不少于 3 次。

b　压力振摆测量

将被试溢流阀置于实验油路中，通过节流阀 12 的调整，设定通过被试阀的液压油流量（如阀的额定流量），调节被试阀的调压手柄至调压范围的最高值，测量这种工况下被试阀进口压力 p_1（MPa）的压力振摆范围的大小。

c　压力偏移测量

将被试溢流阀置于实验油路中，通过节流阀 12 的调整，设定通过被试阀的液压油流量（如阀的额定流量），调节被试阀的调压手柄至调压范围的最高值，测量这种工况下被试阀进口压力 p_1（MPa）3min 的压力偏移值。

d　压力损失测量

将被试溢流阀置于实验油路中，通过节流阀 12 的调整，设定通过被试阀的液压油流量（如阀的额定流量），调节被试阀的调压手柄至全松，测量这种工况下被试阀进口压力 p_1（MPa）和出口压力 p_2（MPa）的差值。

e　卸荷压力测量

将被试溢流阀置于实验油路中，通过节流阀 12 的调整，设定通过被试阀的液压油流量（如阀的额定流量），电磁阀 2YA 通电使被试阀卸荷，测量这种工况下被试阀进口压力 p_1（MPa）和出口压力 p_2（MPa）的差值。

　　f　内泄漏测量

将被试溢流阀置于实验油路中，调节被试阀的调压手柄至全紧，电磁阀 5YA 通电（用二位三通电磁阀替换原理图中的流量传感器 13），用量筒测量这种工况下 3min 通过阀的流量值。

　　g　启闭特性测量

将被试溢流阀置于实验油路中，调节被试阀的调压手柄至一个试验压力（如额定压力），锁紧手柄；在被试溢流阀额定流量范围内，选择若干个测量点；通过节流阀 12 的调整，改变通过被试阀的溢流流量 q（L/min），系统压力也随之改变。在溢流量由小变大的调节过程中，测量并记录各测量点液压油的溢流流量 q（L/min）和进口压力 p_1（MPa）值，获得被试溢流阀的开启特性。然后，在溢流量由大变小的调节过程中，测量并记录各测量点的溢流流量 q（L/min）和进口压力 p_1（MPa）值，获得被试溢流阀的闭合特性。

　　C　实验软件功能

软件的操作功能：显示液压原理图、测量调压范围、测量压力振摆、测量压力偏移、测量压力损失、测量卸荷损失、测量内泄漏、测试启闭特性、启闭特性实验结果表显示、启闭特性实验曲线显示、输出实验报告（.html 格式）、删除实验记录、实验结果查询等。

实验软件界面如图 2-24 所示。

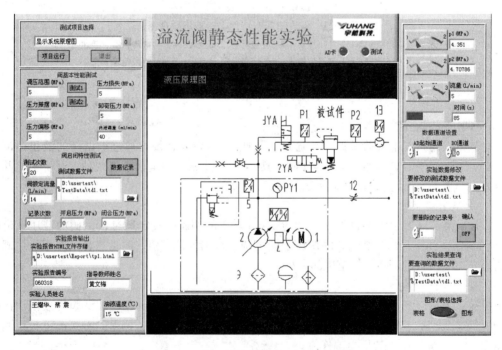

图 2-24　溢流阀静态特性实验软件界面

2.2.5.3　实验操作步骤

　　A　调压范围测试

（1）在【测试项目选择】中，选择【测量调压范围】，按【项目运行】键；

（2）根据对话框提示，调节被试溢流阀手柄至全紧，关闭对话框，按【测试1】键；

（3）根据对话框提示，调节被试溢流阀手柄至全松，关闭对话框，按【测试2】键；

（4）调压范围值自动显示在【调压范围】编辑框内。

B 压力振摆测试

（1）在【测试项目选择】中，选择【测量压力振摆】，按【项目运行】键；

（2）调节被试溢流阀手柄，使 p_1 的显示压力为其额定压力，根据对话框提示进行操作；

（3）压力振摆值自动显示在【压力振摆】编辑框内。

C 压力偏移测试

（1）在【测试项目选择】中，选择【测量压力偏移】，按【项目运行】键；

（2）调节被试溢流阀手柄，使 p_1 的显示压力为其额定压力，根据对话框提示进行操作；

（3）经过3min的自动测试，压力损失值自动显示在【压力偏移】编辑框内。

D 压力损失测试

（1）在【测试项目选择】中，选择【测量压力损失】，按【项目运行】键；

（2）调节被试溢流阀手柄至全松，使通过阀的流量为其额定流量，根据对话框提示进行操作；

（3）压力损失值自动显示在【压力损失】编辑框内。

E 卸荷压力测试

（1）在【测试项目选择】中，选择【测量卸荷压力】，按【项目运行】键；

（2）使通过阀的流量为其额定流量，根据对话框提示进行操作；

（3）卸荷压力值自动显示在【卸荷压力】编辑框内。

F 内泄漏量测试

（1）在【测试项目选择】中，选择【测量内泄漏量】，按【项目运行】键；

（2）调节被试溢流阀手柄至全紧，根据对话框提示进行操作；

（3）经过3min的自动测试，观测量筒内由阀泄漏出的油液体积；

（4）将计算值填入【内泄漏量】编辑框内。

G 启闭特性测试

（1）在【测试项目选择】中，选择【启闭特性测试】，按【项目运行】键；

（2）在【阀启闭特性测试】栏填写编辑框，【测试次数】最少为24次，一半做开启特性，一半做闭合特性，并按阀的额定流量设置测量点；

（3）通过节流阀12调整通过被试阀的试验流量（如阀的额定流量）；

（4）调节被试溢流阀手柄，使其进口压力为额定压力；

（5）测试开启特性。首先将节流阀12调至全松，然后逐步旋紧节流阀12手柄，同时观察流量 q 的变化，当流量 q 开始有明显变化（约为额定流量的10%以内）按【数据记录】键，记录该点数据；再依次逐渐缓慢调紧节流阀12手柄至新的流量测点（流量增加），按【数据记录】键，直至设定测量点半数为止。

测量时必须小心，手柄只能一个方向转动，不得反调，因为这样会改变摩擦力的方向，给测试数据带来误差。

（6）测试闭合特性。节流阀12手柄位置保持不变，再按【数据记录】键，重复记录该点数据；逐渐缓慢调松节流阀12手柄至新的流量测点（流量减小），按【数据记录】键，记录该点数据。依次逐渐调松手柄至新的流量测点，按【数据记录】键，至设定测量点半数为止。

当测试次数达到设定次数，自动停止本次测试；测量时必须小心，手柄只能一个方向转动，不得反调，因为这样会改变摩擦力的方向，给测试数据带来误差。

数据采集接线说明

（1）本实验使用 AD 通道 3 个，DO 通道 3 个。

（2）AD 起始通道→压力传感器 p1；

　　　AD 起始通道 + 1 →压力传感器 p2；

　　　AD 起始通道 + 2 →流量传感器 q。

（3）DO 通道设计：

DO 通道设置	2YA（DO1）	3YA（DO2）	5YA（DO3）
调压范围测试	0	1	0
压力振摆测试	0	1	0
压力偏移测试	0	1	0
卸荷压力测试	1	1	0
内泄漏量测试	0	1	1
启闭特性测试	0	1	0

（4）AD 卡共有 16 个通道可供使用，即 1 ~ 16，默认 AD 起始通道为 1 通道。

（5）DO 通道共有 8 个通道可供使用，设置必须按二进制格式输入，如 1101 表示：

　　　DO1 通道输出为高电位；DO2 通道输出为高电位；

　　　DO3 通道输出为低电位；DO4 通道输出为高电位。

2.2.5.4　实验报告

按本书第 III 部分中对本实验的具体要求完成实验报告。

2.2.6　溢流阀动态性能实验

2.2.6.1　实验目的

（1）了解溢流阀动态特性测试装置；

（2）掌握溢流阀压力阶跃响应特性曲线的测试方法；

（3）掌握溢流阀动态特性各参数物理意义和计算方法。

2.2.6.2　实验装置及实验原理

A　实验装置

本实验所用设备为 YCS-C 型智能液压综合教学实验台，液压原理图如图 2-25 所示。

B　实验原理

溢流阀压力阶跃响应特性是溢流阀动态特性的主要特性，该实验是测试溢流阀压力阶跃响应曲线并计算动态特性的主要参数。

调节溢流阀 3、节流阀 12 和被试溢流阀，使被试溢流阀可在设定的试验压力和试验流量下工作。操作电磁铁 2YA 从通电状态突然断电，给被试溢流阀施加一个升压阶跃信号；升压过程完成后，操作电磁铁 2YA 断电状态突然通电，给被试溢流阀施加一个卸压阶跃信号；记录被试溢流阀进口压力变化全过程，绘制升压和卸压过程的压力响应曲线。

根据被试溢流阀压力阶跃响应曲线，计算阀的动态特性的主要参数：稳态压力、卸荷压力、压力幅值、压力超调量、压力峰值、升压时间、卸压时间等。溢流阀的动态特性的主要参数物理意义如图 2-26 所示。

C　实验软件功能

软件的操作功能：显示液压原理图、测试数据、阀动态特性测试结果显示、压力阶跃响应

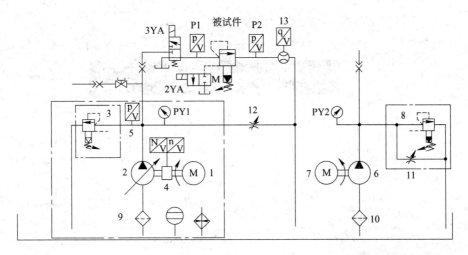

图 2-25 溢流阀动态特性实验液压原理图

1—变量泵驱动电机；2—变量叶片泵；3—变量叶片泵安全阀；4—功率传感器、转速传感器；
5—压力传感器；6—定量齿轮泵；7—定量泵驱动电机；8—定量齿轮泵安全阀；
9，10—滤油器；11，12—节流阀；13—流量传感器

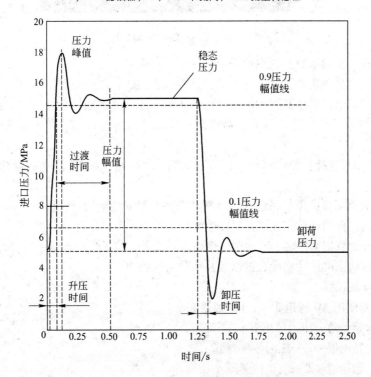

图 2-26 溢流阀动态特性实验动态特性曲线

曲线显示、输出实验报告（.html 格式）、查询或删除实验记录、实验结果查询等。

实验软件界面如图 2-27 所示。

2.2.6.3 实验操作步骤

（1）启动电动机，调节溢流阀3、节流阀12和被试溢流阀，使被试溢流阀可在给定的测试压力和流量下工作；

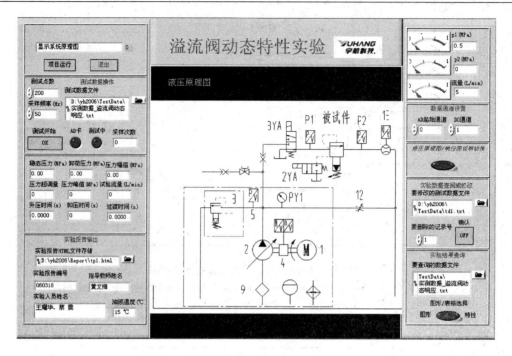

图 2-27　溢流阀动态特性实验软件界面

（2）在【输入实验参数】栏内的编辑框内填写相应的数据；

（3）在【实验项目选择】栏内选择【测试数据】，按【项目运行】键；

（4）在【测试数据操作】栏内的编辑框内，填入【测试次数】和【测试数据文件】名；

（5）按【测试开始】键，测试自动进行，界面显示阀进口压力的动态跟踪曲线和响应曲线；

（6）【实验项目选择】栏内选择【压力阶跃响应曲线显示】，按【项目运行】键，界面显示响应曲线；

（7）在【实验项目选择】栏内选择【阀动态特性测试结果】，按【项目运行】键，在界面右侧的编辑框内，自动计算和显示各项特性值。

若想在已设的数据文件名下增加测试数据，可重复上面操作；若想在已设的数据文件名下删除某一记录数据，可在【实验数据修改】栏中进行操作。

数据采集接线说明

（1）本实验使用 AD 通道 3 个，DO 通道 2 个。

（2）AD 起始通道 → 压力传感器 p1；

　　　AD 起始通道 +1 → 压力传感器 p2；

　　　AD 起始通道 +2 → 流量传感器 q。

（3）DO 通道用两个：

DO 通道设置	3YA（DO2）	2YA（DO1）
加压过程	1	0
卸压过程	1	1

（4）AD 卡共有 16 个通道可供使用，即 1～16，默认 AD 起始通道为 1 通道；

（5）DO 通道共有 8 个通道可供使用，设置必须按二进制格式输入，如 1101 表示：

  DO1 通道输出为高电位；DO2 通道输出为高电位；

  DO3 通道输出为低电位；DO4 通道输出为高电位。

2.2.6.4 实验报告

按本书第Ⅲ部分中对本实验的具体要求完成实验报告。

2.2.7 减压阀静态性能实验

2.2.7.1 实验目的

（1）了解减压阀静态特性测试装置；

（2）掌握减压阀调压范围、压力振摆、压力偏移等主要静态特性物理意义和测试方法；

（3）掌握减压阀 p_1-p_2 特性曲线的测试方法，深入理解进口压力对出口压力的影响；

（4）掌握减压阀 q-p_2 特性曲线的测试方法，深入理解流量对出口压力的影响。

2.2.7.2 实验装置及实验原理

A 实验装置

本实验所用设备为 YCS-C 型智能液压综合教学实验台，液压原理图如图 2-28 所示。

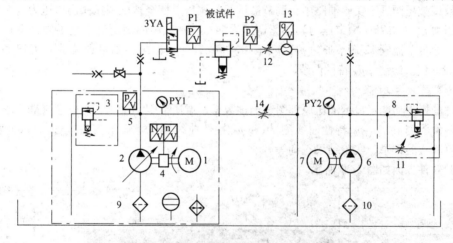

图 2-28 减压阀静态性能实验液压原理图

1—变量泵驱动电机；2—变量叶片泵；3—变量叶片泵安全阀；4—功率传感器、转速传感器；

5—压力传感器；6—定量齿轮泵；7—定量泵驱动电机；8—定量齿轮泵安全阀；

9，10—滤油器；11，12，14—节流阀；13—流量传感器；

B 实验原理

a 调压范围测量

将被减压阀置于实验油路中，通过节流阀 12 和 14 调整被试阀的试验流量（如阀的额定流量），调节被试阀的调压手柄从全紧至全松，测量记录这两种工况下被试阀出口压力 p_2，计算其差值。反复实验不少于 3 次。

b 压力振摆测量

将被试减压阀置于实验油路中，通过节流阀 12 和 14 调整被试阀的试验流量（如阀的额定流量），调节被试阀的调压手柄至调压范围的最高值，测量这种工况下被试阀出口压力 p_2 的压力振摆范围的大小。

c 压力偏移测量

将被试减压阀置于实验油路中,通过节流阀12和14调整通过被试阀的试验流量(如阀的额定流量),调节被试阀的调压手柄至调压范围的最高值,测量这种工况下被试阀进口压力 p_1 在3min内的压力偏移值。

d　内泄漏测量

将被试减压阀置于实验油路中,调节被试阀的调压手柄至全紧,电磁阀5YA通电(用二位三通电磁阀替换原理图中的流量传感器13),用量筒测量这种工况下3min内通过阀的流量值。

e　减压阀 p_1-p_2 特性曲线的测试

减压阀 p_1-p_2 特性是指减压阀出口压力随入口压力变化的性能。

将被试减压阀置于实验油路中,调节被试阀的调压手柄至被试减压阀出口压力为一个设定的试验压力 p_2(如75%额定压力)锁紧调压手柄。在被试阀的额定压力范围内,设置若干个测量点;通过系统溢流阀3调节被试减压阀入口压力 p_1,测量记录各测量点的被试减压阀出口压力 p_2 和入口压力 p_1 值。绘制 p_1-p_2 特性曲线。

f　减压阀 q-p_2 特性曲线的测试

减压阀 q-p_2 特性是指减压阀出口压力随通过阀流量变化的性能。

将被试减压阀置于实验油路中,调节被试阀的调压手柄至被试减压阀出口压力为一个设定的试验压力 p_2(如75%额定压力)锁紧调压手柄;在被试阀的额定流量范围内,设置若干个测量点。通过节流阀12调节通过被试减压阀流量 q,测量记录各测量点被试减压阀出口压力 p_2 和流量 q 值。绘制 q-p_2 特性曲线。

C　实验软件功能

软件的操作功能:显示液压原理图、测试数据、调压范围测量、压力振摆测量、压力偏移测量、内泄漏测量、p_1-p_2 特性曲线测试、q-p_2 特性曲线测试、输出实验报告(.html 格式)、查询或删除实验记录、实验结果查询等。

实验软件界面如图2-29所示。

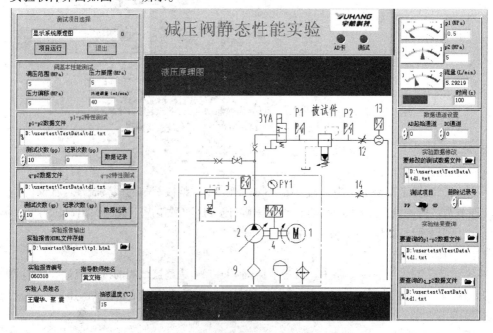

图2-29　减压阀静态性能实验软件界面

2.2.7.3　实验操作步骤

A　调压范围测量

（1）在【测试项目选择】中，选择【测量调压范围】，按【项目运行】键；

（2）调节被试减压阀手柄至全紧，关闭对话框，按【测试1】；

（3）调节被试减压阀手柄至全松，关闭对话框，按【测试2】；

（4）调压范围值自动显示在【调压范围】编辑框内。

B　压力振摆测量

（1）在【测试项目选择】中，选择【测量压力振摆】，按【项目运行】键；

（2）调节被试减压阀手柄，使 p_2 的显示压力为其额定压力，按对话框提示操作；

（3）压力振摆值自动显示在【压力振摆】编辑框内。

C　压力偏移测量

（1）在【测试项目选择】中，选择【测量压力偏移】，按【项目运行】键；

（2）调节被试减压阀手柄，使 p_2 的显示压力为其额定压力，按对话框提示操作；

（3）经过3min的自动测试，压力损失值自动显示在【压力偏移 p_2】编辑框内。

D　内泄漏量测量

（1）在【测试项目选择】中，选择【测量内泄漏量】，按【项目运行】键；

（2）调节被试减压阀手柄至全紧，按对话框提示操作；

（3）经过3min的自动测试，观测量筒内由阀泄漏出的油液体积（mL数）；

（4）将计算值填入【内泄漏量】编辑框内。

E　p_1-p_2 特性测试测量

（1）在【测试项目选择】中，选择【p_1-p_2 特性测试】，按【项目运行】键；

（2）按被试减压阀的额定压力设置若干个进口压力测量点（如10个）；

（3）在【p_1-p_2 特性测试】栏的编辑框内，填写存储测试数据文件名及测试次数；

（4）关闭节流阀14，调节被试减压阀手柄，使其出口压力为某一设定试验压力；

（5）再调节溢流阀3手柄至全松，按【数据记录】键，测试数据自动记录并显示在实验数据表内；

（6）再依次逐渐缓慢调紧手柄至下一个的进口压力测量点，按【数据记录】键，测试数据自动记录并显示在实验数据表内；

（7）重复（6）操作，直至设定测量点全部完成。

F　q -p_2 特性测试

（1）在【测试项目选择】中，选择【q -p_2 特性测试】，按【项目运行】键；

（2）按被试减压阀的额定流量设置若干个阀流量测量点（如10个）；

（3）在【q -p_2 特性测试】栏的编辑框内，填写存储测试数据文件名及测试次数；

（4）关闭节流阀14，调节溢流阀3手柄，使减压阀的进口压力为某一试验压力；

（5）缓慢开启节流阀14（节流阀12全开）使流量传感器有一个最小稳定的流量显示，按【数据记录】键，测试数据自动记录并显示在实验数据表内；

（6）再依次逐渐缓慢调小节流阀14开度至下一个的流量测量点，按【数据记录】键，测试数据自动记录并显示在实验数据表内；

（7）重复（6）操作，直至设定测量点全部完成。

当测试次数达到设定次数，自动停止本次测试；测量时必须小心，手柄只能一个方向转动，使测试按预设的测量点值由小至大依次顺序进行。

数据采集接线说明

（1）本实验使用 AD 通道 3 个，DO 通道 2 个。

（2）AD 起始通道→压力传感器 p1；

　　　AD 起始通道 +1 →压力传感器 p2；

　　　AD 起始通道 +2 →流量传感器 q。

（3）DO 通道设置：

DO 通道设置	3YA（DO2）	5YA（DO1）
调压范围测试	1	0
压力振摆测试	1	0
压力偏移测试	1	0
内泄漏量测试	1	1
p_1-p_2 特性测试	1	0
q-p_2 特性测试	1	0

（4）AD 卡共有 16 个通道可供使用，即 1～16，默认 AD 起始通道 1 通道；

（5）DO 通道共有 8 个通道可供使用，设置必须按二进制格式输入，如 1101 表示：

　　　DO1 通道输出为高电位；DO2 通道输出为高电位；

　　　DO3 通道输出为低电位；DO4 通道输出为高电位。

2.2.7.4　实验报告

按本书第Ⅲ部分中对本实验的具体要求完成实验报告。

2.2.8　减压阀动态性能实验

2.2.8.1　实验目的

（1）了解减压阀动态特性测试装置；

（2）掌握减压阀压力阶跃响应特性曲线的测试方法；

（3）掌握减压阀动态特性各参数的物理意义和计算方法。

2.2.8.2　实验装置及实验原理

A　实验装置

本实验所用设备为 YCS-C 型智能液压综合教学实验台，液压原理图如图 2-30 所示。

B　实验原理

减压阀压力阶跃响应特性是减压阀动态特性的主要特性，该实验是测试减压阀压力阶跃响应曲线，并计算动态特性的主要参数。

调节溢流阀 3、节流阀 12 和 14 和被试减压阀，使被试减压阀可在设定的试验压力和试验流量下工作。操作电磁铁 2YA 从通电状态突然断电，给被试减压阀施加一个升压阶跃信号；升压过程完成后，操作电磁铁 2YA 从断电状态突然通电，给被试减压阀施加一个卸压阶跃信号；记录被试减压阀进口压力变化全过程，绘制升压和卸压过程的压力响应曲线。

根据被试减压阀压力阶跃响应曲线，计算阀的动态特性的主要参数：稳态压力、卸荷压力、压力幅值、压力超调量、压力峰值、升压时间、卸压时间等。减压阀的动态特性的主要参数物理意义如图 2-31 所示。

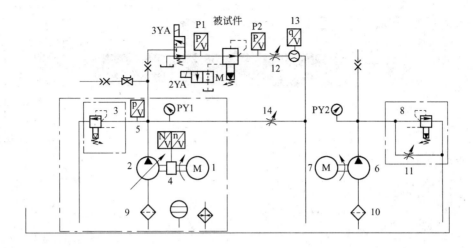

图 2-30　减压阀动态性能实验液压原理图

1—变量泵驱动电机；2—变量叶片泵；3—变量叶片泵安全阀；4—功率传感器、转速传感器；

5—压力传感器；6—定量齿轮泵；7—定量泵驱动电机；8—定量齿轮泵安全阀；

9，10—滤油器；11，12，14—节流阀；13—流量传感器；

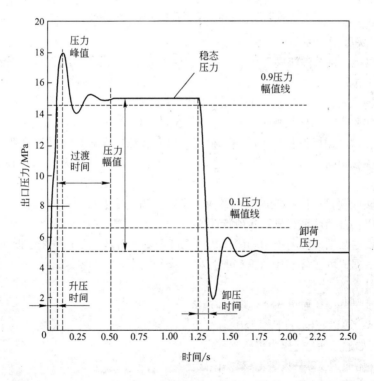

图 2-31　减压阀动态特性曲线

C　实验软件功能

软件的操作功能：显示液压原理图、测试数据、阀动态特性测试结果显示、压力阶跃响应曲线显示、输出实验报告（.html 格式）、查询或删除实验记录、实验结果查询等。

实验软件界面如图 2-32 所示。

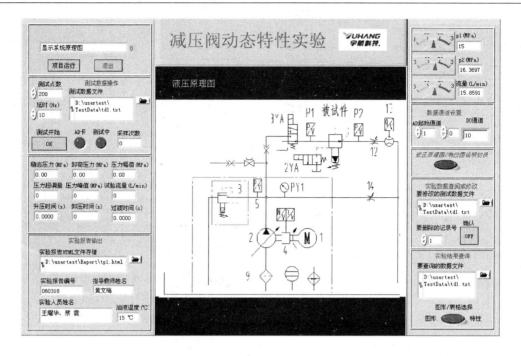

图 2-32　减压阀动态特性实验软件界面

2.2.8.3　实验操作步骤

（1）启动电机，调节溢流阀 3、节流阀 12、14 和被试减压阀，使被试减压阀在给定的测试压力和流量下工作；

（2）在【输入实验参数】栏内的编辑框内填写相应的数据；

（3）在【实验项目选择】栏内选择【测试数据】，按【项目运行】键；

（4）在【测试数据操作】栏内的编辑框内，填入【测试次数】和【测试数据文件】名；

（5）按【测试开始】键，测试自动进行，界面显示阀出口压力的动态跟踪曲线和响应曲线；

（6）在【实验项目选择】栏内选择【阀动态特性测试结果】，按【项目运行】键，在界面右侧的编辑框内，自动计算和显示各项特性值。

若想在已设的数据文件名下增加测试数据，可重复上面操作；若想在已设的数据文件名下删除某一记录数据，可在【实验数据修改】栏中进行操作。

数据采集接线说明

（1）本实验使用 AD 通道 3 个，DO 通道 2 个。

（2）AD 起始通道→压力传感器 p1；

　　　AD 起始通道 +1→压力传感器 p2；

　　　AD 起始通道 +2→流量传感器 q。

（3）DO 通道用两个：

DO 通道设置	3YA（DO2）	2YA（DO1）
压力上升过程	1	0
卸压过程	1	1

（4）AD 卡共有 16 个通道可供使用，即 1～16，默认 AD 起始通道为 1 通道；

（5）DO 通道共有 8 个通道可供使用，设置必须按二进制格式输入，如 1101 表示：

　　　DO1 通道输出高电位；DO2 通道输出高电位；

　　　DO3 通道输出低电位；DO4 通道输出高电位。

2.2.8.4　实验报告

按本书第Ⅲ部分中对本实验的具体要求完成实验报告。

2.2.9　节流调速回路性能实验

2.2.9.1　实验目的

（1）以进口节流调速回路为例了解节流调速回路的组成及调速原理；

（2）掌握变负载工况下，速度-负载特性和功率特性曲线特点和测试方法；

（3）掌握恒负载工况下，功率特性曲线特点和测试方法；

（4）分析比较变负载和恒负载节流调速性能特点。

2.2.9.2　实验装置及实验原理

A　实验装置

本实验所用设备为 YCS-C 型智能液压综合教学实验台，液压原理图如图 2-33 所示。

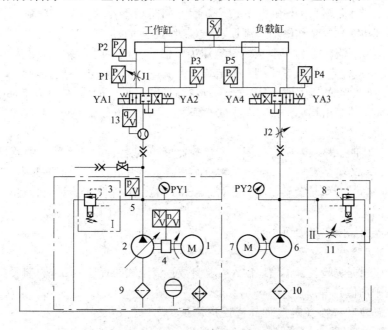

图 2-33　节流调速回路实验液压原理图
Ⅰ—调速回路溢流阀；Ⅱ—加载回路溢流阀

B　实验原理

a　变负载速度-负载特性和功率特性的测试

测试装置液压原理图中，工作缸和节流阀 J1 构成进口节流调速回路，负载缸用于给工作缸施加负载，它们分别由两个泵驱动。

变负载速度-负载特性和功率特性是指当工作缸的负载变化时，工作缸的速度 v 随负载 F 的变化特性及回路功率参数（有用功率、节流损失、溢流损失、泵输入功率）随工作缸工作

压力 p_2 变化特性。

测试时，调节溢流阀 I 为一个系统设定压力，锁紧手柄；调节节流阀 J1 为一个设定开度，锁紧手柄；设定若干个加载压力测量点，由小至大调节溢流阀 II（即调节负载缸的工作压力，调节工作缸的负载），测量记录各测量点的压力值（MPa）p_1，p_2，p_3，p_4，p_5、流量 q（L/min）及位移 L（mm），并由下面公式计算相关参数：

液压缸线速度：$v = \dfrac{\Delta L}{\Delta t}$

液压缸的摩擦力：$F_f = (p_2 A_1 - p_3 A_2 - p_4 A_1 + p_5 A_2) \times 10^6 / 2$

液压缸的机械效率：$\eta_m = 1 - F_f \times 10^{-6} / (p_2 A_1 - p_3 A_2)$

液压缸的负载：$F = (p_4 A_1 - p_5 A_2) \eta_m \times 10^6$

液压缸的有用功率：$P_1 = Fv / 1000$

节流损失功率：$P_2 = (p_1 - p_2) q \times 10^3 / 60$

调速回路输入功率：$P = p_1 q_p \times 10^3 / 60$

式中，A_1 为液压缸无杆腔有效面积；A_2 为液压缸有杆腔有效面积；q_p 为泵的实际流量。

由上述测试计算数据，绘制变负载工况下速度 v-负载 F 曲线和功率 P-p_2 曲线。

b　恒负载功率特性的测试

恒负载功率特性是指当工作缸的负载不变时，回路功率参数（有用功率、节流损失、溢流损失、泵输入功率）随工作缸输入流量 q（或工作缸速度 v）变化特性。

测试时，调节溢流阀 I 为一个系统设定压力，锁紧手柄；调节溢流阀 II 为一个设定压力（即调节工作缸负载恒定），锁紧手柄；设定若干个流量测量点，由小至大调节节流阀 J1 的开度，测量记录各测量点的压力值（MPa）$p_1 \sim p_5$、流量 q（L/min）及位移 L（mm），并由和变负载工况相同公式计算出相关参数，由测试计算数据，绘制恒负载工况下功率参数-p_2 曲线。

C　实验软件功能

软件的操作功能：显示液压原理图、变负载速度-负载特性和功率特性的测试、恒负载功率特性的测试、实验结果表显示、变负载实验曲线显示、恒负载实验曲线显示、变负载输出实验报告（.html 格式）、恒负载输出实验报告（.html 格式）、删除实验记录、实验结果图查询、实验结果表查询等。

实验软件界面如图 2-34 所示。

2.2.9.3　实验操作步骤

实验时，应根据实验装置正确地输入实验参数：液压缸的直径、活塞杆直径、液压泵的实际流量（实测平均值）等。

A　变负载功率特性（速度负载特性）测试

（1）按液压原理图连接好回路，电磁铁 YA1 和 YA2 由计算机自动控制，电磁铁 YA3 和 YA4 由手动控制；

（2）启动两个液压泵，调节 p_{y1} 为系统最高压力（7MPa），p_{y2} 系统最低压力，按最高工作压力，由小到大预设若干个加载点（加压点）；

（3）手动调整节流阀 J1 的开度，使工作缸的速度合适；

（4）手动开启电磁铁 YA3，使负载缸左行至终点；

（5）在【变负载速度-负载/功率特性测试】栏填写【测试次数】、【测试数据文件】等；

（6）在【实验项目选择】栏选中【变负载速度负载/功率特性测试】，按【项目运行】键，【AD 卡】指示变为绿色，说明测试系统工作正常；同时弹出一个【开始下次测试】的对话框；

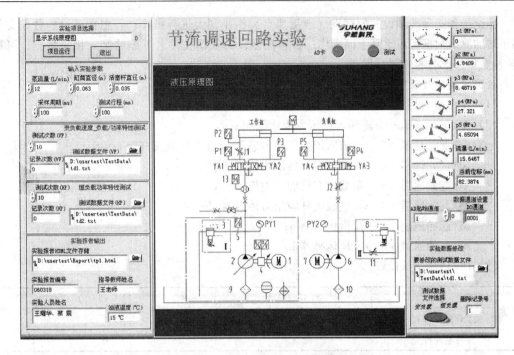

图 2-34　节流调速回路实验软件界面

（7）鼠标按对话框上的【OK】键，工作缸右行，当达到【测试行程】时，测试数据自动显示在【实验数据表（BF）】一行内，工作缸左行返回；测试数据显示在【实验数据表（BF）】一行内，工作缸左行返回；此时弹出一个【工作缸停止返回】的对话框；

（8）当工作缸左行至末端，鼠标按对话框上的【OK】键，该测压点测试结束；同时又弹出一个【开始下次测试】的对话框；

（9）调整 p_{y2} 至下一个加压点，重复（7）、（8）操作，直至测试全部完成。

B　恒负载功率特性测试

（1）按液压原理图连接好回路，电磁铁 1YA 和 2YA 由计算机自动控制，电磁铁 3YA 和 4YA 由手动控制；

（2）启动两个液压泵，调节 p_{y1} 为系统最高压力（如 7MPa），p_{y2} 为期望的加载压力；

（3）手动调整节流阀 J1 的开度最小，使工作缸有最小但不爬行的速度；并按泵的最大流量，由小到大预设若干个流量测量点（测速点）；

（4）手动开启电磁铁 3YA，使负载缸左行至终点；

（5）在【恒负载功率特性测试】栏填写【测试次数】、【测试数据文件】等；

（6）在【实验项目选择】栏选中【恒负载速度功率特性测试】，按【项目运行】键，【AD卡】指示变为绿色，说明测试系统工作正常；同时弹出一个【开始下次测试】的对话框；

（7）鼠标按对话框上的【OK】键，工作缸右行；当达到【测试行程】时，测试数据自动显示在【实验数据表（HF）】一行内，工作缸左行返回，此时弹出一个【工作缸停止返回】的对话框；

（8）当工作缸左行至末端，鼠标按对话框上的【OK】键，该测压点测试结束；同时又弹出一个【开始下次测试】的对话框；

（9）小心调整节流阀 J1，观察【流量（L/min）】显示值，使至下一个测速点，重复（7）、（8）操作，直至测试全部完成。

　　测试操作必须按预设的加载点（或测速点）由小到大进行操作；若想在已设的数据文件名下增加测试数据，可重复上面操作；若想在已设的数据文件名下删除某一记录数据，可在【实验数据修改】栏中进行操作。

　　数据采集接线说明

（1）本实验使用 AD 通道 7 个，DO 通道 2 个。

（2）AD 起始通道→节流阀入口压力传感器 p1；

　　　　AD 起始通道 +1 →节流阀出口压力传感器 p2（工作缸无杆腔）；

　　　　AD 起始通道 +2 →工作缸有杆腔压力传感器 p3；

　　　　AD 起始通道 +3 →负载缸有杆腔压力传感器 p4；

　　　　AD 起始通道 +4 →负载缸无杆腔压力传感器 p5；

　　　　AD 起始通道 +5 →流量传感器 q；

　　　　AD 起始通道 +6 →位移传感器 L。

（3）DO 通道默认设置：

DO 通道设置	2YA（DO2）	1YA（DO1）
工作缸右行	0	1
工作缸左行	1	0

（4）AD 卡共有 16 个通道可供使用，即 1 ~ 16，默认 AD 起始通道为 1 通道；

（5）DO 通道共有 8 个通道可供使用，设置必须按二进制格式输入，如 1101 表示：

　　　　DO1 通道输出为高电位；DO2 通道输出为高电位；

　　　　DO3 通道输出为低电位；DO4 通道输出为高电位；

（6）电磁铁 3YA 和 4YA 用手动控制，以驱动负载缸动作。

2.2.9.4　实验报告

按本书第 III 部分中对本实验的具体要求完成实验报告。

2.2.10　液压缸性能测试实验

2.2.10.1　实验目的

（1）以单出杆活塞缸为例了解液压缸性能测试回路的组成；

（2）掌握液压缸两个主要性能：最低启动压力和负载效率；

（3）掌握液压缸主要性能的测试原理。

2.2.10.2　实验装置及实验原理

A　实验装置

本实验所用设备为 YCS-C 型智能液压综合教学实验台，液压原理图如图 2-35 所示。

B　实验原理

a　最低启动压力的测试

测试装置液压原理图中，工作缸是被试液压缸，负载缸用于给被试液压缸施加负载，它们分别由两个泵驱动。

测试液压缸的最低启动压力时，将被试液压缸置于空载工况下，向液压缸无杆腔通入压力油，逐步提高进油压力，同时测量并记录进油压力和活塞位移，液压缸产生位移时刻的压力值为最低启动压力。应测量 3 ~ 5 次，计算其平均值。

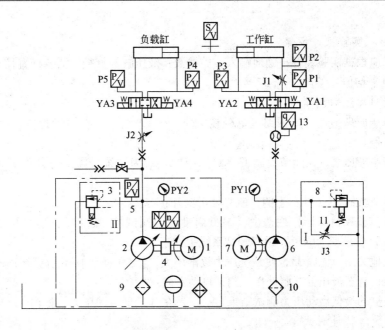

图 2-35　液压缸性能实验液压原理图

I —调速回路溢流阀；II —加载回路溢流阀

测量时，负载缸应脱离工作缸保持静止状态，电磁铁1YA通电，用电磁溢流阀 I 调节被试液压缸的进油压力。

b　液压缸的负载效率的测试

液压缸的负载效率即机械效率，在测试系统中可按下式计算：

$$\eta = \frac{F}{p_2 A_1 - p_3 A_2}$$

液压缸的负载效率特性是指负载效率随工作缸工作压力 p_2 变化的情况。

测试时，调节溢流阀 I 为一个系统设定压力，锁紧手柄；节流阀 J1 为全开，锁紧手柄；设定若干个加载压力测量点，由小至大调节溢流阀 II （即调节负载缸的工作压力，调节工作缸的负载），测量记录各测量点的压力值 $p_2 \sim p_5$（MPa）及位移 L（mm），并由下面公式计算相关参数：

液压缸线速度：$v = \dfrac{\Delta L}{\Delta t}$

液压缸的摩擦力：$F_f = (p_2 A_1 - p_3 A_2 - p_4 A_1 + p_5 A_2) \times 10^6 / 2$

液压缸的机械效率：$\eta_m = 1 - F_f \times 10^{-6} / (p_2 A_1 - p_3 A_2)$

液压缸的负载：$F = (p_4 A_1 - p_5 A_2) \eta_m \times 10^6$

液压缸的负载效率：$\eta = \dfrac{F}{p_2 A_1 - p_3 A_2}$

式中，A_1 为液压缸无杆腔有效面积；A_2 为液压缸有杆腔有效面积。

由上述测试计算数据，绘制负载效率 η-进油压力 p_2 曲线。

C　实验软件功能

软件的操作功能：显示液压原理图、最低启动压力测试、负载效率特性测试、实验结果表显示、实验曲线显示、输出实验报告（.html 格式）、删除实验记录、实验结果图查询、实验结果表查询等。

2.2.10.3　实验操作步骤

实验时，应根据实验装置正确地输入实验参数：液压缸的直径、活塞杆直径、液压泵的实际流量（实测平均值）等。

A　最低启动压力测试

（1）按液压原理图连接好回路，电磁铁 1YA 和 2YA 由计算机自动控制，电磁铁 3YA 和 4YA 由手动控制；

（2）启动主液压泵，关闭节流阀 J3（11），调节 p_{y1} 为系统最高压力（如 7MPa），加载泵不启动；

（3）调节节流阀 J3（11）手柄，使之处于全开状态；

（4）在【实验项目选择】栏选中【最低启动压力测试】，按【项目运行】键，【AD 卡】指示和【测试】指示变为绿色，说明测试系统工作正常；

（5）缓慢地关闭节流阀 J3，使系统压力逐渐增大，【已采样数】不断更新，同时观察液压缸的状态变化，直至液压缸开始动作，测试自动完成；

（6）液压缸的最低启动压力测试结果自动记录在【最低启动压力】框内。

B　负载效率特性测试

（1）按液压原理图连接好回路，电磁铁 1YA 和 2YA 由计算机自动控制；电磁铁 3YA 和 4YA 由手动控制；

（2）启动两个液压泵，调节 p_{y1} 为系统最高压力（如 7MPa），p_{y2} 为最低压力；

（3）按最高加载压力，由小到大预设若干个压力测量点；

（4）手动开启电磁铁 3YA，使负载缸左行至终点；

（5）在【负载效率特性测试】栏填写【测试次数】、【测试数据文件】等；

（6）在【实验项目选择】栏选中【负载效率特性测试】，按【项目运行】键，【AD 卡】指示变为绿色，说明测试系统工作正常；

（7）同时弹出一个【开始下次测试】的对话框；

（8）鼠标按对话框上的【OK】键，工作缸右行，当达到【测试行程】时，测试数据自动显示在【实验数据表（HF）】一行内，工作缸左行返回；此时弹出一个【工作缸停止返回】的对话框；

（9）当工作缸左行至末端，鼠标按对话框上的【OK】键，该测压点测试结束；同时又弹出一个【开始下次测试】的对话框；

（10）小心调整 p_{y2}，观察压力显示值，使至下一个测压点，重复（8）、（9）操作，直至测试全部完成。

测试操作必须按预设的加载点（或测速点）由小到大进行操作；若想在已设的数据文件名下增加测试数据，可重复上面操作；若想在已设的数据文件名下删除某一记录数据，可在【实验数据修改】栏中进行操作。

数据采集接线说明

（1）本实验使用 AD 通道 7 个，DO 通道 2 个。

（2）AD 起始通道→节流阀入口压力传感器 p1；

　　　AD 起始通道 +1 →节流阀出口压力传感器 p2（工作缸无杆腔）；

　　　AD 起始通道 +2 →工作缸有杆腔压力传感器 p3；

　　　AD 起始通道 +3 →负载缸有杆腔压力传感器 p4；

AD 起始通道 +4 →负载缸无杆腔压力传感器 p5；

AD 起始通道 +5 →流量传感器 q（本实验不需使用）；

AD 起始通道 +6 →位移传感器 L。

（3）DO 通道默认设置：

DO 通道设置	2YA（DO2）	1YA（DO1）
工作缸右行	0	1
工作缸左行	1	0

（4）AD 卡共有 16 个通道可供使用，即 1～16，默认 AD 起始通道为 1 通道。

（5）DO 通道共有 8 个通道可供使用，设置必须按二进制格式输入，如 1101 表示：

DO1 通道输出为高电位；DO2 通道输出为高电位；

DO3 通道输出为低电位；DO4 通道输出为高电位。

（6）电磁铁 3YA 和 4YA 用手动控制，以驱动负载缸动作。

2.2.10.4　实验报告

按本书第Ⅲ部分中对本实验的具体要求完成实验报告。

2.2.11　液压马达性能测试实验

2.2.11.1　实验目的

（1）了解液压马达主要特性和测试装置；

（2）掌握液压马达的两个主要性能：功率特性、效率特性；

（3）掌握液压马达主要性能的测试原理。

2.2.11.2　实验装置及实验原理

A　实验装置

本实验所用设备为 YCS-C 型智能液压综合教学实验台，液压原理图如图 2-36 所示。

B　实验原理

a　液压马达的空载性能测试

液压马达的空载性能测试主要是测试马达的空载排量。

液压马达的排量是指在不考虑泄漏情况下，马达轴每转一转所需输入油液的体积。理论上，排量应按马达密封工作腔容积的几何尺寸精确计算出来；工业上，以空载排量取代。空载排量是指马达在空载压力（不超过 5% 额定压力或 0.5MPa 的输出压力）下马达轴每转输入油液的体积。

测试时，使被试液压马达轴置于空载工况，打开截止阀 17，溢流阀 3 调至系统额定压力，启动液压泵 2，待稳定运转后，测试系统自动记录输入马达流量 q、进口压力 p 和泵轴转速 n，则泵的空载排量 V_0 可由下式计算：

$$V_0 = \frac{q}{n}$$

b　液压马达的功率特性和效率特性（机械效率、容积效率、总效率）测试

液压马达的功率特性是指马达轴输出功率随进出口压差变化特性。

测试时，将截止阀打开，溢流阀 3 调至系统的额定压力，用加载装置给被试马达加载，使

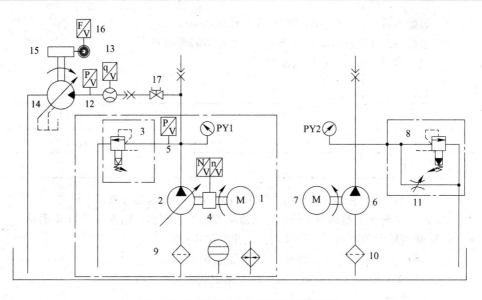

图 2-36　液压马达性能实验液压原理图

1—变量泵驱动电机；2—变量叶片泵；3—变量叶片泵安全阀；4—功率传感器、转速传感器；

5，12—压力传感器；6—定量齿轮泵；7—定量泵驱动电机；8—定量齿轮泵安全阀；

9，10—滤油器；11—节流阀；13—流量传感器；14—液压马达；

15—加载装置；16—测力传感器；17—截止阀

马达进口压力由低至高逐点增加。测试时，记录各加载点马达进口压力 p、流量 q、马达轴加载力矩 T 和转速 n，将测试数据经数据处理，绘制被试马达的功率特性和效率特性曲线。

液压马达实际排量：$V = \dfrac{q}{n}$

液压马达的容积效率：$\eta_V = \dfrac{V_0}{V}$

液压马达轴输出功率：$P_{motor} = 2\pi n T$

液压马达的总效率：$\eta = \dfrac{2\pi n T}{pq}$

液压马达的机械效率：$\eta_m = \dfrac{\eta}{\eta_V}$

注 1：本实验装置，被试液压马达出口直接回油箱，可用进口压力 p 取代进出口压差进行测试和数据处理。（下同）

注 2：关于加载扭矩 T 测量：

使用转速转矩传感器和扭矩卡的系统，可直接读取加载扭矩 T 数据；

使用力传感器和 PCI 数据采集卡的系统，读取加载装置作用力 F，加载扭矩 T 由下式计算：

$$T = Fl$$

式中，l 为加载装置力臂长度。

C　实验软件操作功能

软件的操作功能：显示液压原理图、测试马达的空载排量、测试马达的基本性能、实验数据表显示、实验曲线显示、实验报告输出（.html 格式）、删除实验记录、实验结果查询等。

2.2.11.3　实验操作步骤

A　马达空载排量测试

（1）启动液压系统，液压泵 2 转动；调整液压泵出口压力 p_{y1} 为系统额定压力；

（2）打开截止阀 I，调节马达加载装置，使被试液压马达处于空载状态；

（3）在【测试项目选择】选择【测试泵的空载排量】，按【项目运行】键，空载排量和空载压力的测试值自动记录在【空载排量测试结果显示】栏内；

（4）一般测试 5 次，计算其平均值，并填写在【性能测试操作】的编辑框【空载排量设定值】内。

B　马达性能测试

（1）在【测试项目选择】选择【测试马达的基本性能】；根据马达的工作压力测试区间，由小至大设置若干个测压点；

（2）将给被试液压马达轴加载的加载装置调至最低加载状态；

（3）在【性能测试操作】栏内的编辑框中，填写【测试次数】、【测试数据文件】、【空载排量设定值】和【扭矩零点】；

（4）按【测试项目选择】中【项目运行】键，【AD 卡】指示灯变为绿色，表明测试系统工作正常；调整加载装置使马达进口压力至第一个测压点；

（5）按【性能测试操作】中【数据记录】键，第一个测试数据记录在【实验数据表】的第一行内；

（6）缓慢调整加载装置使马达进口压力至下一个测压点；

（7）按【性能测试操作】中【数据记录】键，下一个测试数据记录在【实验数据表】的下一行内；

（8）重复（6）、（7）的操作，直至预设的全部测压点完成测试。

测试操作必须按预设的测压点由小到大进行操作；若想在已设的数据文件名下增加测试数据，可重复上面操作；若想在已设的数据文件名下删除某一记录数据，可在【实验数据修改】栏中进行操作。

数据采集接线说明

（1）本实验使用 AD 通道 4 个，DO 通道 0 个。

（2）AD 起始通道→压力传感器；

　　　AD 起始通道 +1 →流量传感器（空载用固定的传感器）；

　　　AD 起始通道 +2 →功率传感器；

　　　AD 起始通道 +3 →转速传感器。

（3）AD 卡共有 16 个通道可供使用，即 1 ~ 16，默认 AD 起始通道为 1 通道。

（4）DO 通道共有 8 个通道可供使用，设置必须按二进制格式输入，如 1101 表示：

　　　DO1 通道输出为高电位；DO2 通道输出为高电位；

　　　DO3 通道输出为低电位；DO4 通道输出为高电位；

（5）转速传感器和功率传感器按说明书连接好。

2.2.11.4　实验报告

按本书第Ⅲ部分中对本实验的具体要求完成实验报告。

2.3　液压综合实验Ⅱ——回路实验

回路实验基于力控组态软件 PCAuto 环境开发的仿真液压传动控制系统，包含了十几种液压典型回路控制与演示。回路仿真图形采用动画形式，形象地把液压油的流动方向、各种液压阀内部阀芯的动作、电磁换向阀中电磁铁工作状态、油缸的工作过程和液压泵的工作原理显示在画面上，逼真地反映出真实液压回路的工作状况。通过软件通讯可以使控制界面直接与电器硬件（可编程控制器 PLC）相连接，通过软件界面上的控制按钮控制液压回路工作。

2.3.1　差动回路实验

2.3.1.1　实验目的与设备

（1）掌握液压回路的连接方法，熟悉差动回路的工作原理；

（2）了解液压差动回路的组成、性能特点及其在工业中的运用；

（3）通过观察仿真系统图中管路内压力油、非压力油的走向和变化过程以及各液压仿真元件示意图的动作过程，充分理解各种液压元件的工作原理及使用性能；

（4）实验所用设备为 YCS-C 型智能液压综合教学实验台。

2.3.1.2　实验原理

工作机构在一个工作循环过程中，空行程速度一般较高，常在不同的工作阶段要求有不同的运动速度和承受不同的负载。在液压系统中常根据工作阶段要求的运动速度和承受的负载来决定液压泵的流量和压力，然后在不增加功率消耗的情况下，采用快速回路来提高工作机构的空行程速度。差动回路就是其中的一类快速回路。

本实验包括一般速度和差动速度两种工况。差动速度工况时，通过电磁换向阀改变油缸出口油液流向，与液压泵的油液汇流，实现油缸快速运动。

实验原理仿真示意图及操作界面如图 2-37 所示。

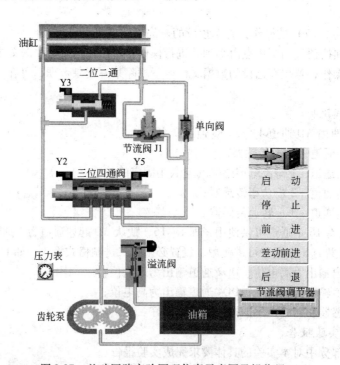

图 2-37　差动回路实验原理仿真示意图及操作界面

2.3.1.3　实验步骤

（1）双击电脑桌面上的【力控 PCAuto3.62】；

（2）选择【差动回路2】；

（3）单击【进入运行】，单击【忽略】。将操作面板上的转换开关旋至【PLC】；

（4）按照电脑所显示的液压回路在实验台上将回路搭接好；

（5）将电磁阀的插头：Y2、Y3、Y5分别插到操作台的面板上；

（6）单击电脑画面的【启动】、【前进】、【差动前进】或【后退】，便可实现画面与实物基本同步的运动过程；

（7）观察仿真示意图中管路内压力油和非压力油（分别用红色和绿色代表压力有和非压力油）的走向及变化过程；

（8）认真观察仿真液压元件示意图的动作过程；

（9）分析回路的工作过程；

（10）需要停止操作时，单击【停止】，再单击【退出】（箭头指开着的小门图标）即可；

（11）拆卸元件及油管，元件放到辅助平台上，油管挂到油管架上。

2.3.1.4 实验报告

按本书第Ⅲ部分中对本实验的具体要求完成实验报告。

2.3.2 二位四通换向回路实验

2.3.2.1 实验目的与设备

（1）掌握换向回路的工作原理，熟悉液压回路的连接方法；

（2）了解液压换向回路的组成、性能特点及其在工业中的运用；

（3）通过观察仿真示意图中管路内压力油、非压力油的走向和变化过程以及各液压仿真元件示意图的动作过程，充分理解各种液压元件的工作原理及使用性能；

（4）分析与三位四通换向回路的区别；

（5）实验所用设备为YCS-C型智能液压综合教学实验台。

2.3.2.2 实验原理

方向控制回路的作用是利用各种方向阀来控制流体的通断和变向，以便使执行元件启动、停止和换向。一般方向控制回路只需在动力元件与执行元件之间采用普通换向阀即可。

二位四通换向回路为一般方向控制回路。二位四通换向阀阀芯动作，改变进、回油方向，从而改变油缸运动方向。

实验原理仿真示意图及操作界面如图2-38所示。

2.3.2.3 实验步骤

（1）双击电脑桌面上的【力控PCAuto3.62】；

（2）选择【二位四通换向回路】；

（3）单击【进入运行】；

（4）单击【忽略】；

（5）将操作面板上的转换开关旋至【PLC】；

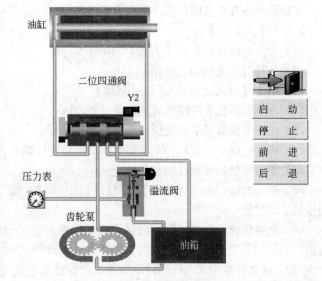

图2-38 二位四通换向回路实验原理仿真示意图及操作界面

（6）按照电脑所显示的液压回路在实验台上将回路搭接好；

（7）将电磁阀 Y2 插到操作面板对应的插孔上；

（8）单击电脑画面的【启动】；

（9）单击电脑画面的【前进】或【后退】，便可实现画面与实物基本同步的运动过程；

（10）观察仿真示意图中管路内压力油和非压力油（分别用红色和绿色代表压力油和非压力油）的走向及变化过程；

（11）认真观察仿真液压元件示意图的动作过程；

（12）分析回路的工作过程；

（13）需要停止操作时，单击【停止】，再单击【退出】（箭头指开着的小门图标）即可；

（14）拆卸元件及油管，将元件放到辅助平台上，油管挂到油管架上。

2.3.2.4　实验报告

按本书第Ⅲ部分中对本实验的具体要求完成实验报告。

2.3.3　节流阀速度换接回路实验

2.3.3.1　实验目的与设备

（1）掌握节流阀速度换接回路的工作原理，熟悉液压回路的连接方法；

（2）了解速度换接回路的组成、性能特点及其在工业中的运用；

（3）通过观察仿真示意图中管路内压力油、非压力油的走向和变化过程以及各液压仿真元件示意图的动作过程，充分理解各种液压元件的工作原理及使用性能；

（4）实验所用设备为 YCS-C 型智能液压综合教学实验台。

2.3.3.2　实验原理

速度换接回路主要用于使执行元件在一个工作循环中，从一种速度变换到另一种速度。

本实验通过两个二位二通换向阀与两个节流阀组成串联、并联油路，通过控制电磁换向阀的电磁铁动作，使油路的通、断关系发生改变，从而使进入油缸的液压油流量发生阶梯性改变，进而改变油缸的运动速度。本实验回路可实现【工进】、【快进】、【慢进】、【快退】四种速度换接。通过节流阀调速器改变节流阀流量，使各工况速度发生改变。

实验原理仿真示意图及操作界面如图 2-39 所示。

2.3.3.3　实验步骤

（1）双击电脑桌面上的【力控 PCAuto3.62】；

（2）选择【节流阀换接回路】；

（3）单击【进入运行】，单击【忽略】；

（4）将操作面板上的转换开关旋至【PLC】；

（5）按照电脑所显示的液压回路将回路搭接好；

（6）将电磁阀 Y2、Y4、Y5 插到操作面板对应的插孔上；

（7）单击电脑画面的【启动】；

（8）单击电脑画面的【快进】、【慢进】、【工进】或【快退】，便可实现画面与实物基本同步的运动过程；

（9）观察仿真示意图中管路内压力油和非压力油（分别用红色和绿色代表压力油和非压力油）的走向及变化过程；

（10）认真观察仿真液压元件示意图的动作过程；

（11）分析回路的工作过程；

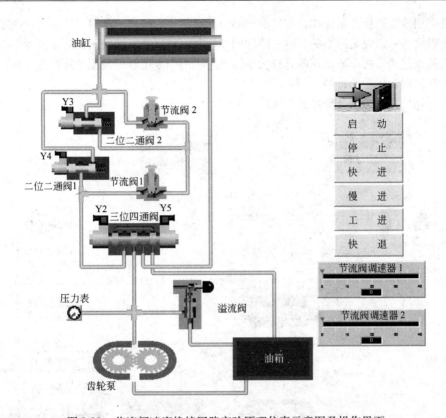

图 2-39　节流阀速度换接回路实验原理仿真示意图及操作界面

（12）需要停止操作时，单击【停止】，再单击【退出】（箭头指开着的小门图标）即可；

（13）拆卸元件及油管，将元件放到辅助平台上，油管挂到油管架上。

2.3.3.4　实验报告

按本书第Ⅲ部分中对本实验的具体要求完成实验报告。

2.3.4　节流阀控制的同步回路实验

2.3.4.1　实验目的与设备

（1）掌握节流阀控制的同步回路的工作原理，熟悉液压回路的连接方法；

（2）了解同步回路的组成、性能特点及其在工业中的运用；

（3）通过观察仿真示意图中管路内压力油、非压力油的走向和变化过程以及各液压仿真元件示意图的动作过程，充分理解各种液压元件的工作原理及使用性能；

（4）实验所用设备为 YCS-C 型智能液压综合教学实验台。

2.3.4.2　实验原理

在液压传动系统中，用一个能源向两个或多个缸（或马达）提供液压油，按各液压缸之间运动关系要求进行控制，完成预定功能的回路，称为多缸运动回路。多缸运动回路分为顺序运动回路、同步运动回路和互不干扰回路等。

同步运动回路是用于保证系统中两个或多个执行元件在运动中以相同的位移或速度运动，也可以按一定的速比运动。

同步运动分为位置同步和速度同步两种。所谓位置同步，就是在每一瞬间，各液压缸的相对位置保持固定不变。对于开环控制系统，要严格地做到每一瞬间的位置同步是困难的，因此，常常采用速度同步控制方式。如果能严格地保证每一瞬间的速度同步，也就保证了位置同步。然而做到这一点也是困难的。本实验的同步控制回路是开环控制的，同步精度不高。

本实验通过调节两个节流阀的开口大小，使进入两个液压缸的液压油流量基本相等，从而达到两个油缸同步运动的目的。

实验原理仿真示意图及操作界面如图 2-40 所示。

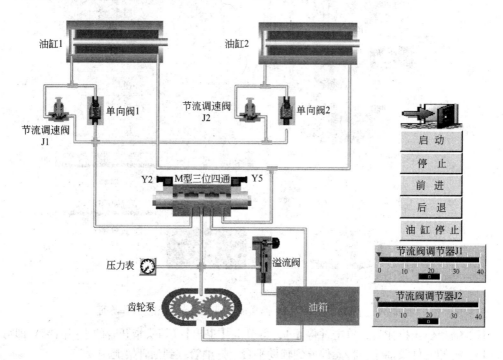

图 2-40　节流阀控制的同步回路实验原理仿真示意图及操作界面

2.3.4.3　实验步骤

（1）双击电脑桌面上的【力控 PCAuto3.62】；

（2）选择【节流阀控制的同步回路】；

（3）单击【进入运行】，单击【忽略】；

（4）将操作面板上的转换开关旋至【PLC】；

（5）按照电脑所显示的液压回路将回路搭接好；

（6）将电磁阀的插头：Y2、Y5 分别插到操作台面板对应的插孔上；

（7）单击电脑画面的【启动】；

（8）单击电脑画面的【前进】或【后退】，便可实现画面与实物基本同步的运动过程；

（9）观察仿真示意图中管路内压力油和非压力油（分别用红色和绿色代表压力油和非压力油）的走向及变化过程；

（10）认真观察仿真液压元件示意图的动作过程；

（11）分析回路的工作过程；

（12）需要停止操作时，单击【油缸停止】，再单击【退出】（箭头指开着的小门图标）即可；

（13）拆卸元件及油管，将元件放到辅助平台上，油管挂到油管架上。

2.3.4.4　实验报告

按本书第Ⅲ部分中对本实验的具体要求完成实验报告。

2.3.5　进油节流调速回路实验

2.3.5.1　实验目的与实验设备

(1) 掌握进油节流调速回路的工作原理，熟悉液压回路的连接方法；

(2) 了解节流调速回路的组成、性能特点及其在工业中的运用；

(3) 通过观察仿真示意图中管路内压力油、非压力油的走向和变化过程，以及各液压仿真元件示意图的动作过程，充分理解各种液压元件的工作原理及使用性能；

(4) 实验所用设备为 YCS-C 型智能液压综合教学实验台。

2.3.5.2　实验原理

液压传动系统中，调速回路占有重要地位。按液压原理，改变执行元件速度的本质就是改变进入执行元件液压油的流量。改变流量有两种办法：其一是在定量泵和流量阀组成的系统中用流量控制阀调节，其二是在变量泵组成的系统中用控制变量泵的排量调节。所以，调速回路按改变流量的方法不同可分为三类：节流调速回路、容积调速回路和容积节流调速回路。

节流调速回路又分为四类：进口节流调速回路、出口节流调速回路、进出口节流调速回路和旁路节流调速回路。

本实验为进口节流调速回路，即节流阀安装在进入执行元件的油路上，调节节流阀阀口大小来改变进油流量，从而调节执行元件的速度。

实验原理仿真示意图及操作界面如图 2-41 所示。

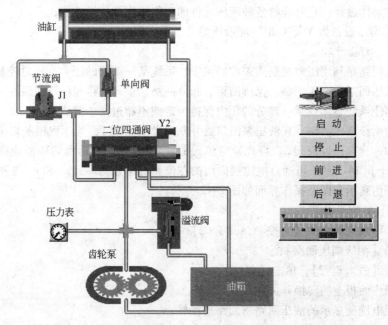

图 2-41　进油节流调速回路实验原理仿真示意图及操作界面

2.3.5.3　实验步骤

(1) 双击电脑桌面上的【力控 PCAuto3.62】；

(2) 选择【进油节流调速】；

(3) 单击【进入运行】，单击【忽略】；

(4) 将操作面板上的转换开关旋至【PLC】；

(5) 按照电脑所显示的液压回路将回路搭接好；

(6) 将电磁阀的插头 Y2 插到操作台电器面板对应的插孔上；

(7) 单击电脑画面的【启动】；

(8) 单击电脑画面的【前进】或【后退】，便可实现画面与实物基本同步的运动过程；

(9) 观察仿真示意图中管路内压力油和非压力油（分别用红色和绿色代表压力油和非压力油）的走向及变化过程；

(10) 认真观察仿真液压元件示意图的动作过程；

(11) 分析回路的工作过程；

(12) 需要停止操作时，单击【停止】，再单击【退出】（箭头指开着的小门图标）即可；

(13) 拆卸元件及油管，将元件放到辅助平台上，油管挂到油管架上。

2.3.5.4 实验报告

按本书第Ⅲ部分中对本实验的具体要求完成实验报告。

2.3.6 两级调压回路实验

2.3.6.1 实验目的与实验设备

(1) 掌握两级调压回路的工作原理，熟悉液压回路的连接方法；

(2) 了解两级调压回路的组成、性能特点及其在工业中的运用；

(3) 通过观察仿真示意图中管路内压力油、非压力油的走向和变化过程以及各液压仿真元件示意图的动作过程，充分理解各种液压元件的工作原理及使用性能；

(4) 实验所用设备为 YCS-C 型智能液压综合教学实验台。

2.3.6.2 实验原理

压力控制回路是利用压力控制阀来控制系统或系统某一部分的压力。压力控制回路主要有调压回路、减压回路、增压回路、保压回路、卸荷回路、平衡回路和释压回路等。

调压回路使系统整体或某一部分的压力保持恒定或不超过某个数值。

本实验为两级调压回路。在液压泵出口处并联先导溢流阀1，其远程控制口串接二位二通电磁换向阀和远程调压溢流阀2。当先导溢流阀的调定压力 p_1 和远程调压溢流阀的调定压力 p_2 符合 p_1 大于 p_2 时，系统可通过电磁换向阀的左位和右位分别得到 p_1 和 p_2 两种系统压力。

实验原理仿真示意图及操作界面如图 2-42 所示。

2.3.6.3 实验步骤

(1) 双击电脑桌面上的【力控 PCAuto3.62】；

(2) 选择【两级调压回路】；

(3) 单击【进入运行】，单击【忽略】；

(4) 将操作面板上的转换开关旋至【PLC】；

(5) 按照电脑所显示的液压回路将回路搭接好；

(6) 将电磁阀的插头：Y2、Y3、Y5 分别插到操作台电器面板对应的插孔上；

(7) 单击电脑画面的【启动】；

(8) 单击电脑画面的【前进】或【后退】，便可实现画面与实物基本同步的运动过程；

(9) 单击电脑画面的【压力1】或【压力2】，可以实现油缸在两种不同压力情况下的运动情况；

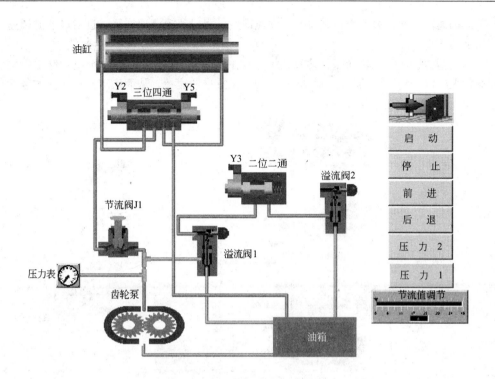

图 2-42　两级调压回路实验原理仿真示意图及操作界面

（10）观察仿真示意图中管路内压力油和非压力油（分别用红色和绿色代表压力油和非压力油）的走向及变化过程；

（11）认真观察仿真液压元件示意图的动作过程；

（12）分析回路的工作过程；

（13）需要停止操作时，单击【停止】，再单击【退出】（箭头指开着的小门图标）即可；

（14）拆卸元件及油管，将元件放到辅助平台上，油管挂到油管架上。

2.3.6.4　实验报告

按本书第Ⅲ部分中对本实验的具体要求完成实验报告。

2.3.7　旁路节流调速回路实验

2.3.7.1　实验目的与实验设备

（1）掌握旁路节流调速回路的工作原理，熟悉液压回路的连接方法；

（2）了解节流调速回路的组成、性能特点及其在工业中的运用；

（3）通过观察仿真示意图中管路内压力油、非压力油的走向和变化过程以及各液压仿真元件示意图的动作过程，充分理解各种液压元件的工作原理及使用性能；

（4）实验所用设备为 YCS-C 型智能液压综合教学实验台。

2.3.7.2　实验原理

液压传动系统中调速回路占有重要地位。按液压原理，改变执行元件速度的本质就是改变进入执行元件液压油的流量。改变流量有两种办法：其一是在定量泵和流量阀组成的系统中用流量控制阀调节，其二是在变量泵组成的系统中用控制变量泵的排量调节。所以，调速回路按改变流量的方法不同可分为三类：节流调速回路、容积调速回路和容积节流调速回路。

节流调速回路又分为四类：进口节流调速回路、出口节流调速回路、进出口节流调速回路和旁路节流调速回路。

本实验为旁路节流调速回路，即节流阀安装在定量泵至液压缸进油的分支油路上，调节节流阀阀口大小改变排回油箱的油量，间接控制液压缸进油流量，从而调节执行元件的速度。

实验原理仿真示意图及操作界面如图 2-43 所示。

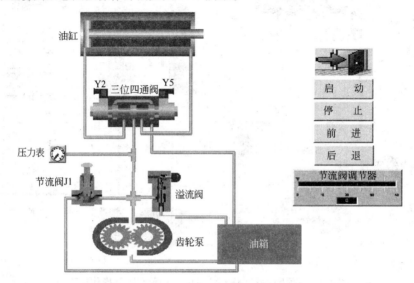

图 2-43　旁路节流调速回路实验原理仿真示意图及操作界面

2.3.7.3　实验步骤

（1）双击电脑桌面上的【力控 PCAuto3.62】；

（2）选择【进油节流调速】；

（3）单击【进入运行】，单击【忽略】；

（4）将操作面板上的转换开关旋至【PLC】；

（5）按照电脑所显示的液压回路将回路搭接好；

（6）将电磁阀的插头 Y2、Y5 分别插到操作台电器面板的插孔上；

（7）单击电脑画面的【启动】；

（8）单击电脑画面的【前进】或【后退】，便可实现画面与实物同步的运动过程；

（9）观察仿真示意图中管路内压力油和非压力油（分别用红色和绿色代表压力油和非压力油）的走向及变化过程；

（10）认真观察仿真液压元件示意图的动作过程；

（11）分析回路的工作过程；

（12）需要停止操作时，单击【停止】，再单击【退出】（箭头指开着的小门图标）即可；

（13）拆卸元件及油管，将元件放到辅助平台上，油管挂到油管架上。

2.3.7.4　实验报告

按本书第 III 部分中对本实验的具体要求完成实验报告。

2.3.8　三位四通换向回路实验

2.3.8.1　实验目的与实验设备

（1）掌握换向回路的工作原理，熟悉液压回路的连接方法；

（2）了解液压换向回路的组成、性能特点及其在工业中的运用；

（3）通过观察仿真示意图中管路内压力油、非压力油的走向和变化过程以及各液压仿真元件示意图的动作过程，充分理解各种液压元件的工作原理及使用性能；

（4）了解三位四通换向阀的中位机能的功能及使用性能；

（5）实验所用设备为 YCS-C 型智能液压综合教学实验台。

2.3.8.2 实验原理

方向控制回路的作用是利用各种方向阀来控制流体的通断和变向，以便使执行元件启动、停止和换向。一般方向控制回路只需在动力元件与执行元件之间采用普通换向阀即可。

三位四通换向回路为一般方向控制回路。三位四通换向阀阀芯动作，改变进、回油方向，从而改变油缸运动方向。

本实验的换向信号来自两个行程开关（接近开关），因此这种换向回路属于自动换向。当行程开关 1 发信时，Y2 得电，活塞杆向右伸出；当行至行程开关 2 时，开关 2 发信，Y5 得电（同时 Y2 失电），液压缸活塞杆向左缩回。如此循环，直至按【停止】按钮。

实验原理仿真示意图及操作界面如图 2-44 所示。

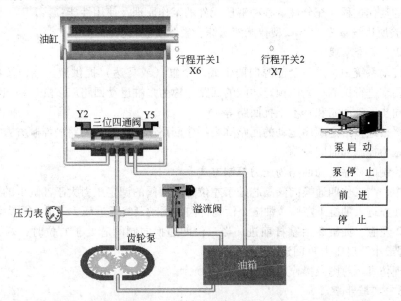

图 2-44 三位四通换向回路实验原理仿真示意图及操作界面

2.3.8.3 实验步骤

（1）双击电脑桌面上的【力控 PCAuto3.62】；

（2）选择【三位四通换向回路】；

（3）单击【进入运行】；

（4）单击【忽略】；

（5）将操作面板上的转换开关旋至【PLC】；

（6）按照电脑所显示的液压回路在实验台上将回路搭接好；

（7）将电磁阀的插头 Y2、Y5 及行程开关插头 X6、X7 分别插到操作台的电器面板上；

（8）单击电脑画面的【泵启动】；

（9）单击电脑画面的【前进】或【停止】，便可实现画面与实物基本同步的运动过程；

（10）观察仿真示意图中管路内压力油和非压力油（分别用红色和绿色代表压力油和非压力油）的走向及变化过程；

（11）认真观察仿真液压元件示意图的动作过程；

（12）分析回路的工作过程；

（13）需要停止操作时，单击【泵停止】，再单击【退出】(箭头指开着的小门图标)即可；

（14）拆卸元件及油管，将元件放到辅助平台上，油管挂到油管架上。

2.3.8.4　实验报告

按本书第Ⅲ部分中对本实验的具体要求完成实验报告。

2.3.9　顺序阀控制的顺序回路实验

2.3.9.1　实验目的与实验设备

（1）掌握顺序回路的工作原理，熟悉液压回路的连接方法；

（2）了解液压顺序回路的组成、性能特点及其在工业中的运用；

（3）通过观察仿真示意图中管路内压力油、非压力油的走向和变化过程以及各液压仿真元件示意图的动作过程，充分理解各种液压元件的工作原理及使用性能；

（4）实验所用设备为 YCS-C 型智能液压综合教学实验台。

2.3.9.2　实验原理

在液压传动系统中，用一个能源向两个或多个缸（或马达）提供液压油，按各液压缸之间运动关系要求进行控制，完成预定功能的回路，称为多缸运动回路。多缸运动回路分为顺序运动回路、同步运动回路和互不干扰回路等。

液压缸严格地按给定顺序运动的回路称为顺序回路。顺序运动回路的控制方式有三种：即行程控制、压力控制和时间控制。

顺序阀控制的顺序运动回路为压力控制方式。

本实验中，当二位四通换向阀阀芯处于左位且顺序阀的调定压力大于油缸 1 的最大工作压力时，压力油先进入油缸 1 左腔，油缸 1 活塞杆向右运动到终点后压力上升，压力油打开顺序阀进入油缸 2 左腔，油缸 2 活塞杆前进。当二位四通换向阀阀芯处于右位时，两缸几乎同时（不计单向阀最小开启压力）回退。

实验原理仿真示意图及操作界面如图 2-45 所示。

2.3.9.3　实验步骤

（1）双击电脑桌面上的【力控 PCAuto3.62】；

（2）选择【顺序阀控制的顺序回路】；

（3）单击【进入运行】；

（4）单击【忽略】；

（5）将操作面板上的转换开关旋至【PLC】；

（6）按照电脑所显示的油压回路在实验台上将回路搭接好；

（7）将电磁阀的插头 Y2 插到操作台的电器面板对应的插孔上；

（8）单击电脑画面的【启动】；

（9）单击电脑画面的【前进】或【后退】，便可实现画面与实物基本同步的运动过程；

（10）观察仿真示意图中管路内压力油和非压力油（分别用红色和绿色代表压力油和非压力油）的走向及变化过程；

（11）认真观察仿真液压元件示意图的动作过程；

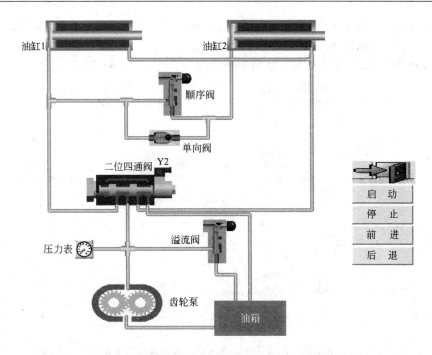

图 2-45 顺序阀控制的顺序回路实验原理仿真示意图及操作界面

（12）分析回路的工作过程；

（13）需要停止操作时，单击【停止】，再单击【退出】（箭头指开着的小门图标）即可；

（14）拆卸元件及油管，将元件放到辅助平台上，油管挂到油管架上。

2.3.9.4　实验报告

按本书第Ⅲ部分中对本实验的具体要求完成实验报告。

2.3.10　压力继电器控制的顺序动作回路实验

2.3.10.1　实验目的与实验设备

（1）掌握顺序回路的工作原理，熟悉液压回路的连接方法；

（2）了解压力继电器控制的顺序回路的组成、性能特点及其在工业中的运用；

（3）通过观察仿真示意图中管路内压力油、非压力油的走向和变化过程以及各液压仿真元件示意图的动作过程，充分理解各种液压元件的工作原理及使用性能；

（4）实验所用设备为 YCS-C 型智能液压综合教学实验台。

2.3.10.2　实验原理

在液压传动系统中，用一个能源向两个或多个缸（或马达）提供液压油，按各液压缸之间运动关系要求进行控制，完成预定功能的回路，称为多缸运动回路。多缸运动回路分为顺序运动回路、同步运动回路和互不干扰回路等。

液压缸严格地按给定顺序运动的回路称为顺序回路。顺序运动回路的控制方式有三种：即行程控制、压力控制和时间控制。

压力继电器控制的顺序运动回路为压力控制方式。

本实验中，当按下【缸 1 前进】按钮时，二位四通换向阀电磁铁 Y2 得电，阀芯处于左位；Y5 失电，阀芯处于图示位置（右位）。此时压力油先进入油缸 1 左腔。油缸 1 活塞杆运动到终点后压力上升，压力继电器发信，Y5 得电，油缸 2 活塞开始伸出。当按下【油缸 1 后退】

按钮时，Y2 失电，油缸 1 右腔进油，活塞杆向左缩回。此时左腔接回油压力降低，压力继电器发信，Y5 失电，油缸 2 也缩回，完成【后退】工况。

实验原理仿真示意图及操作界面如图 2-46 所示。

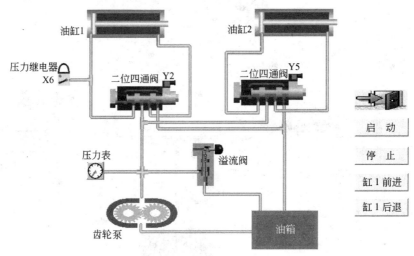

图 2-46　压力继电器控制的顺序动作回路实验原理仿真示意图及操作界面

2.3.10.3　实验步骤

（1）双击电脑桌面上的【力控 PCAuto3.62】；

（2）选择【压力继电器控制的顺序回路】；

（3）单击【进入运行】，单击【忽略】；

（4）将操作面板上的转换开关旋至【PLC】；

（5）按照电脑所显示的油压回路在实验台上将回路搭接好；

（6）将电磁阀的插头 Y2、Y5 及压力继电器插头 X6 分别插到操作台的电器面板相应的插孔上；

（7）单击电脑画面的【启动】；单击电脑画面的【缸 1 前进】或【缸 1 后退】，便可实现画面与实物基本同步的运动过程。

（8）观察仿真示意图中管路内压力油和非压力油（分别用红色和绿色代表压力油和非压力油）的走向及变化过程；

（9）认真观察仿真液压元件示意图的动作过程；

（10）分析回路的工作过程；

（11）需要停止操作时，单击【停止】，再单击【退出】（箭头指开着的小门图标）即可；

（12）拆卸元件及油管，将元件放到辅助平台上，油管挂到油管架上。

2.3.10.4　实验报告

按本书第 Ⅲ 部分中对本实验的具体要求完成实验报告。

2.3.11　行程开关控制的顺序动作回路实验

2.3.11.1　实验目的与实验设备

（1）掌握顺序回路的工作原理，熟悉液压回路的连接方法；

（2）了解行程开关控制的顺序回路的组成、性能特点及其在工业中的运用；

（3）通过观察仿真示意图中管路内压力油、非压力油的走向和变化过程，以及各液压仿真元件示意图的动作过程，充分理解各种液压元件的工作原理及使用性能；

（4）实验所用设备为 YCS-C 型智能液压综合教学实验台。

2.3.11.2 实验原理

在液压传动系统中，用一个能源向两个或多个缸（或马达）提供液压油，按各液压缸之间运动关系要求进行控制，完成预定功能的回路，称为多缸运动回路。多缸运动回路分为顺序运动回路、同步运动回路和互不干扰回路等。

液压缸严格地按给定顺序运动的回路称为顺序回路。顺序运动回路的控制方式有三种，即：行程控制、压力控制和时间控制。

行程开关控制的顺序运动回路为行程控制方式。

实验原理仿真示意图及操作界面如图 2-47 所示。

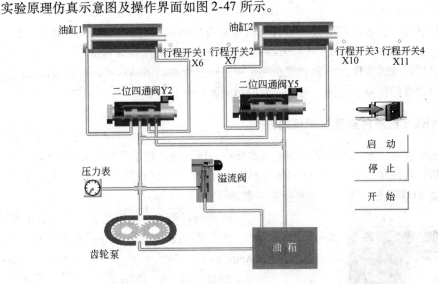

图 2-47 行程开关控制的顺序动作回路实验原理仿真示意图及操作界面

行程开关 1～4 信号通过 PLC 分别控制 Y2 和 Y5 的得失电，使油缸 1 和油缸 2 产生【油缸 1 活塞右移—油缸 2 活塞右移—油缸 2 活塞左移—油缸 1 活塞左移】的循环动作。直到按【停止】按钮，油缸停止运动。

2.3.11.3 实验步骤

（1）双击电脑桌面上的【力控 PCAuto3.62】；

（2）选择【压力继电器控制的顺序回路】；

（3）单击【进入运行】，单击【忽略】；

（4）将操作面板上的转换开关旋至【PLC】；

（5）按照电脑所显示的液压回路在实验台上将回路搭接好；

（6）将电磁阀的插头 Y2、Y5 及行程开关插头 X6，X7，X10，X11 分别插到操作台的电器控制面板对应插孔上；

（7）单击电脑画面的【启动】；

（8）单击电脑画面的【开始】，便可实现画面与实物基本同步的运动过程；

（9）观察仿真示意图中管路内压力油和非压力油（分别用红色和绿色代表压力油和非压力油）的走向及变化过程；

（10）认真观察仿真液压元件示意图的动作过程；

（11）分析回路的工作过程；

（12）需要停止操作时，单击【停止】，再单击【退出】（箭头指开着的小门图标）即可；

（13）拆卸元件及油管，将元件放到辅助平台上，油管挂到油管架上。

2.3.11.4　实验报告

按本书第Ⅲ部分中对本实验的具体要求完成实验报告。

2.4　液压综合实验Ⅲ——油液污染度检测实验

液压油液的污染是液压传动系统发生故障的主要原因，据统计，70% 以上的液压系统故障是由于液压系统油液颗粒污染严重导致的。液压油液的污染严重地影响着液压传动系统工作的可靠性及液压元件的寿命。

油液污染状况由污染度等级来衡量，目前主要有国际标准化组织的 ISO 4406 标准和美国国家科学学会（National Academy of Sciences）制定的油液污染度等级标准——NAS 1638 标准。为了快速、准确地知道液压系统和润滑系统是否运行在合理的清洁水平，一般采用油液污染度检测仪器进行油液的污染度检测，得出油液的污染度等级。

2.4.1　ABAKUS 油液污染度检测仪简介

ABAKUS 油液污染度检测仪是一种便携式颗粒分析系统，用于现场及实验室快速、简便的油液颗粒分析，可按新标准——ISO 4406（1999）、ISO 4406（1991）和 NAS 1638 进行检测。该设备由德国 KLOTZ 公司生产。主要技术参数如下：

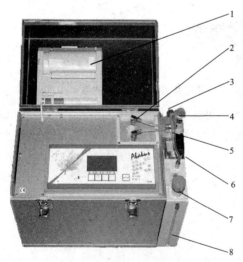

可瓶取样测量，也可用于压力系统在线检测；最大检测压力 31.5MPa；最大工作黏度可达 68mm²/s；

测量范围：2 ~ 100μm；

颗粒分析按照 ISO 4406 标准可测量 1 ~ 24 级；

按照 NAS 1638 标准可测量 0 ~ 12 级。

传感器流量：20ml/min；冲洗流量：20ml/min；

传感器：激光二极管传感器；

内置打印机；

通道数：32；

电源：220V，50Hz；

外形尺寸：400mm × 240mm × 380mm；

重量：12kg。

图 2-48　ABAKUS 油液污染度检测仪

1—内置热敏打印机；2—从采样瓶中采样的吸入口；3—高压输入口、减压阀（最大 31.5MPa 在线测量接口）；4—旁路冲洗调节阀（最多开启 2 圈）；5—回流管路（快速接头，可插换到外部回流管道）；6—在线测量软管，吸、回流软管贮仓；7—可卸集液盒（放液时向外扳动）；8—集液盒液位指示

测量结果显示在 8 行液晶显示屏上，仪器最多可存储 1400 个测量结果。测量结果可选择按照 NAS 或 ISO 标准显示，并可由内置打印机打印输出。

该仪器可以通过数据线与计算机通讯，通过软件界面，实现计算机控制测量、结束等动作，同时用计算机控制打印机打印输出测试结果。

图 2-48 为 ABAKUS 油液污染度检测仪外

形图。

2.4.2　ABAKUS 油液污染度检测仪使用说明

ABAKUS 系统采用手提箱式便携设计，系统的主机部分包括激光光源、传感器、计数器和自吸泵系统等，均置于箱体内部。

操纵面板设在箱内上部表面，使用者通过面板上的触摸控制键，调用驱动菜单即可实现对仪器的操纵。

箱体左侧是电源箱，配有主电源插头和电源开关。电源下方还置有一个 RS232 串行口，可与微机或其他设备连接。

箱体右上方是进出油口和减压阀，左下方装有集液盒。系统配有热敏打印机，置于箱盖内侧，可打印测量结果。

2.4.2.1　仪器的设定

开机时系统首先用 5 秒钟时间显示驱动软件版本、当前日期和时间，紧接着进入上次关机前光标所在的菜单。

用户可选用英文和德文操作系统。若要进行语种选择，须在启动菜单出现时，一直按住操作键【1】~【4】中的任意一个以进入语言选择菜单,用【SEL】键选定语言后,按【OK】键返回主菜单。

仪器的操纵和系统参数的设定通过面板上的触摸控制键完成；用户界面由若干个菜单组成（见菜单结构图），用面板上的控制键加以调用。

控制键【1】 ~ 【4】的功能在各个子菜单中是不同的，具体的作用以符号的形式显示在显示屏最下一行的提示行中；各符号所代表的作用见表1。键【5】是电源开关键。键【6】是调整显示屏明暗对比度的专用键，对比度共设 5 挡。

表1　控制键符号表

符　号	作　用
菜　单　操　作	
CUR	移动光标
BACK	返回上一菜单
ENT	进入光标所指下层菜单，选定或输入参数
CONT	按键继续
……	空键
参　数　输　入	
SET0	所选参数归0
+ VAL	对选定参数位（闪烁）增值
←DIG	选定要改变的参数位（该位闪烁）
SEL	从表中选择参数
数　据　存　储	
MEM +	选定下一组记录
MEM −	选定前一组记录
PRN	打印选定记录
测　量	
·BREAK·	同时按下两键中断测量
PRN	打印当前测量结果
MES	开始测量
MEM	存储当前测量结果
CHA + CHA −	测量中滚动显示结果

ABAKUS 颗粒测量分析仪的测量方式可以按单次或循环的方式进行。也允许按预先设定好的测量开始时间和测量次数，进行自动测量；有关测量参数和仪器参数的设置和选定，在主菜单的仪器设定（Adjust Device）项目下的各分菜单完成。这些参数经设定之后，直到下次加以修改之前，会一直有效。

2.4.2.2　测量参数设定（Measurement control）

A　系统调整（Adjust system）

本检测仪可以按单次测量和循环测量两种方式进行，每一次测量由传感器冲洗和测量计数两部分作业组成，相应参数需要预先在 measurement contr. /adjust system 菜单设定好，该菜单界面的形式如下：

DPS-ADJUSTMENT		
Wash-vol		10
Pump vol		10
Meas-vol		10
Inj. vol		0
Cycle		1　（min）
SET0　　+ VAL　　←DIG　　ENT		

冲洗容积（wash-vol）的值可以设定为 0，10，20，250ml，测量计数容积（meas-vol）的取值为 10，20，30，250ml；吸入泵排量（pump vol）为常量 10ml，容量（Inj. vol）指外接取样器时的采集容积，其他情况下无意义。循环时间（cycle）是指两次测量启动之间的时间间隔，它的设定值如果大于 0，则测量按循环方式进行；具体规定如下：

请注意 ABAKUS 测量仪中吸入泵每分钟行走两个行程，每行程吸入量是 10ml，既泵的流量固定为 20ml/min；所以当冲洗容积和测量计数容积设定之后，每次测量所需的时间也就相应确定下来了，参见表2。

表 2　循环时间设定

循环时间	测量方式
0	单次测量
1	按 5s 间隔循环
2～99	循环时间（min）

B　测量通道设定（Particle Sizes）

通道设置就是设定各个通道测量的颗粒尺寸范围，一个通道只有在设置之后才能用于颗粒检测。通道的设定通过 measurement contr. /particle sizes/ 菜单进行；ABAKUS 有 32 个可用测量通道，用户可以将所有通道全部设定好，也可以只设定部分通道，但最少要有一个通道被设置数据。须注意通道尺寸的设定不能超过 1～150μm 的总测量范围。下面是一个检测油液的 6 通道设定的实例：

Channel	Particles（μm）
1	2
2	5
3	15
4	25
5	50
6	100
7	0
8	0
⋮	⋮
32	0
SET0　　+ VAL　　←DIG　　ENT	

另外，在主菜单 MEMORY 下的子菜单 \ organization \ 中，可以选择是否分组存储数据

（data sets 值 >1 为分组记录，=1 为不分组记录）及每组可以记录的最大数据个数。

2.4.2.3 仪器参数设定（Device control）

A 时钟（Realtime Clock）

在子菜单\adjust device\device control\realtime clock，可以对仪器的时钟（包括分、时、日、月和年）加以设定和调整。

B 打印机（Printer）

在子菜单\adjust device\device control\printer，可以选择不同型号的打印机。（此功能只在更换打印机时使用。）

C 测量结果表示方式（Measuring output）

在子菜单\adjust device\device control\measuring output，可以选择测量结果按 NAS 1638，ISO 4406（1991）或 ISO 4406（1999，ISO MTD 标定）的其中一种表达。

D 报警设定（Limits）

在子菜单\adjust device\device control\limits，可以设定按 NAS 1638 或 ISO 4406 标准的各通道上下限报警等级，当被测介质超标时，可通过报警接口输出讯号，以便通过声音或灯光报警。

E 模拟量输出设定（Analogous output）

在子菜单\adjust device\device control\ analogous output，设定颗粒数量与输出电压的对应关系，以便通过外接的示波仪直观显示颗粒变化状况。

F 自动测量设定（Autostart）

预先在 adjust device/autostart 菜单设定好的启动时间（hour, min.）、循环次数（cycles）和循环时间（C. time）；仪器可以按设定内容，自动开始进行测量。下面是进行自动测量设定的菜单形式和实例：

```
                 AUTOSTART

       Start time

            Hour：           10

            Min. ：          35

            Cycles：          5

            C. time：         3

       CURS    - - -    BACK    ENT
```

上例设定的内容是：在 10 点 35 分开始进行 5 次循环测量，每次测量的循环时间是3min。

G 系统参数的存取（Setup Selection）

本仪器的常规测量参数、通道设置和输出标准等系统参数可通过\adjust device\device contr.\ setup selection\菜单存储和调用，系统参数最多可存储 10 组，按 0～9 的顺序存入和调出。

2.4.2.4 测量准备

开机前，必须首先将进出油管连接妥当，特别是测量带压力的系统时尤其需要仔细检查接口的连接情况，在确认无误后方可开机。

进口有两种连接方式：一种是通过透明软管直接将被检测介质引入系统吸口，一般的取样检测均采用这种连接方式；另一种方式是将被测介质接入压力接口，通过减压阀降压之后再由吸口接入系统，这种方式用于连接到高、低压油液系统进行在线测量，不适于水性介质的检测。测量之后的液体通过出口流出后，可以由过渡胶管经快速接头引入集液盒内，也可通过软管由快速接头引入其他盛装容器。

如果需接入高压系统进行在线测量，首先要了解被测系统内压力的大小，如果最高压力大于 31.5MPa，则不宜测量；连接仪器和高压系统要使用随仪器配置的带有自封接头的耐高压微测量软管，并注意微测量管要先将连接仪器一端接好之后，再连接被测量的高压系统一端，以防油液喷出。与高压系统连接好之后，须先开启旁路冲洗调节钮，利用带压的被测介质对管路加以冲洗，冲洗量一般要大于 250ml。

测量前，首先须观察所测介质的外观，查看是否有肉眼可见的杂质，气泡或油液介质中是否含有水滴等情况。如果杂质较多，则不宜再使用本仪器检测，因为大颗粒（大于 $500\mu m$）可能会造成传感器的堵塞。而油液中含水量过多，会严重影响测量结果，使测出的颗粒数量严重偏高。这种情况下应进行脱水处理之后再做测量或考虑换油。

被测介质的黏度也是使用者需要加以注意的；在采样测量情况下，黏度一般不应大于 $100mm^2/s$；在高压在线测量情况下，可测黏度一般不应大于 $500mm^2/s$。对黏度的限制以被测介质能够顺畅地吸入系统为宜。如果被测介质黏度过大，则需经稀释以后才能测量。

ABAKUS 颗粒测量仪是以测量矿物油和可降解液体为基础而设计的，也可以用来测量水或水溶液等透明液体。但改变测量介质时，要对系统彻底加以清洗。由测量油性介质改为检测水性介质时，首先要用不少于 250ml 的溶剂（清洁的石油醚或汽油）清洗系统内部，然后将仪器内部液体排空后，再用 250ml 以上的酒精清洗系统之后，才能测量水性物（油—溶剂—酒精—水）。由水改油的清洗过程与之相反，为水—酒精—溶剂—油。另外，要注意对水的测量不能经过减压阀，只能由低压吸入口吸入仪器，压力一般要小于 1MPa。

被测介质中有气泡存在时，因为气泡尺寸一般大于 $100\mu m$，这样会引起测量结果中大颗粒异常增多，使测量数据无效。在线测量时，如果发现软管中有气泡吸入，应改变测量点；如果无法避免气泡影响，则应改为瓶取样测量。在取采样测试中，可以用超声波仪或真空抽吸方法去掉气泡。

在瓶取样测量之前，要将样品充分摇匀；如果被测介质中含有气泡，则应将其去除。然后尽快开始测量。经过上述处理的介质应尽可能在 5 ~ 10min 内测量完毕，否则介质内的颗粒会发生沉降，影响测量的准确性。

2.4.2.5　测量

ABAKUS 系统比较常用的测量方式有两种，具体说明如下。

A　常规测量（Start measurement）

常规测量按照在 Adjust 常规菜单中已设定的参数（冲洗和计数容积）和方式（单次、循环）进行。如果在主菜单中 MEMORY 的数据分组选项（organization）中已选择分组记录数据，则在测量前要先设定本次测量的分组号，分组号应选用大于 0 的整数，且分组号不能重复。然后按【MES】键可以正式开始测量。每次测量先进行清洗传感器的作业（冲洗量 wash-vol. >0 时），这时位于屏幕下数第二行的状态提示行显示出 'rinsing is running（正在冲洗）'；冲洗结束后即开始计数测量，提示行显示出 'meas. is running'；屏幕上显示的各通道颗粒数量发生变化，直到测量完成或被中断。同时按下【BREAK】双键可随时中断测量，被中断的测量结果不再有效。在循环状态下，要同时按【BREAK】双键两次才能中断测量，再按【BACK】键，前面已测量的结果会完整打印输出。

在单次测量结束后，按【MEM】或【PRN】键可将测量结果存储或打印；在循环测量时，测量数据被自动存储并打印输出。

在测量过程中，要随时注意集液盒或其他液体回收容器的液位，防止液体溢出。

B 自动测量（Autostart）

按预先在 adjust device \ autostart 菜单设定好的启动时间、循环次数和循环时间，本仪器能按预先设定的开始时间和测量次数自动开始做自动测量。开始自动测量前，应校对一下仪器的时钟走时是否准确（在 adjust device \ device control \ realtime clock 菜单）。

2.4.2.6 数据存储

存储系统最多可储存 1400 组测量数据。在做完一次单次测量之后，只需按一下 MEM 键，即可将该组测量数据转入存储；当进行循环测量时，测量结果自动存储；存储器装满后，新数据自动覆盖最老的数据。

如果在 MEMORY 菜单的数据分组选项（organization）中选择分组记录数据（分组数 data sets >1），则存储器中的数据分组排列，调用时可用 \ memory \ 菜单中的 show&print 子菜单调出并打印各组中的单个测量数据，用 print set 和 delete set 打印或删除整组数据，用 delete global 删除所有数据记录。

• **注意!** 如果在 MEMORY 菜单的数据分组选项（organization）中选择分组记录数据（分组数 data sets >1），则存储器中原有各记录会被冲掉。

2.4.2.7 打印

测量结果可由打印机输出。本系统采用的是 DPU-411 或 DPU-414 热敏打印机。

对单次测量或从存储器中调出单个结果的打印，所有通道的颗粒数量均打印在一张表中，表中还包括各种尺寸颗粒数量和体积百分比；在循环测量方式或成组打印测量结果时，每个结果打印在一行，只有前 6 个通道的颗粒数量会打印出来；如果按 NAS 和 ISO 标准进行测量，则不管通道设置如何，只按有意义的颗粒尺寸打印测量结果。

2.4.2.8 测量后系统的维护

如果测量的是比较脏的介质，完成测量工作后便需要对系统内部进行清洗，以防止被测介质中的杂质污染传感器。如果所测介质是油性的，要用纯净的石油醚或汽油清洗系统；而测量水性介质后，可用蒸馏水或酒精清洗系统。清洗时，可按照常规循环测量的方式，让清洗液通过系统；清洗结束时，可将系统内的清洗液排空，也可将其留在系统内部。如果测量后不能马上进行清洗，先不要将系统内的被测介质排出，应尽快找到清洗液后，再将被测介质排掉并清洗系统；否则残留在仪器中介质里的污染物可能会干结在传感器内，增加清洗难度。

反向冲洗：如果每次测量后发生严重反抽现象，说明传感器出现了一定堵塞，这时可将 \ calibration\ service\菜单中的 R_ Rinse 参数由 0 调为 1，使吸入泵反向运转，以便将堵塞物冲掉。冲洗完毕后，将 R_ Rinse 参数调为 0，重新启动仪器，恢复正向运转。

中文驱动菜单结构见图 2-49。

2.4.3 油液污染度检测实验

2.4.3.1 实验目的

（1）学会使用 ABAKUS 油液污染度检测仪检测油液的污染度；

（2）理解油液污染度检测的意义。

2.4.3.2 实验设备及实验材料

（1）ABAKUS 油液污染度检测仪一台；

（2）液压油 50ml；

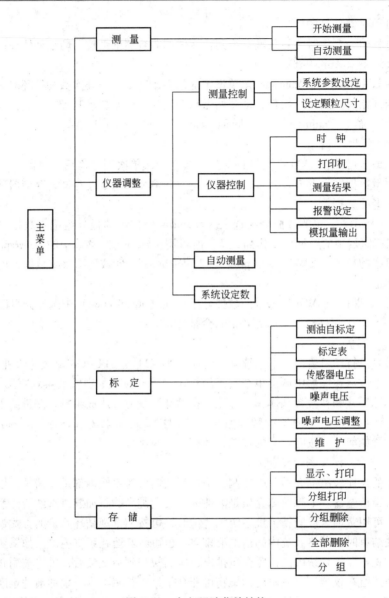

图 2-49　中文驱动菜单结构

（3）正在运转的液压站一套。

2.4.3.3　实验原理

ABAKUS 油液污染度检测仪是一种便携式颗粒分析系统，用于现场及实验室快速、简便的油液颗粒分析，可按新标准——ISO 4406（1999）、ISO 4406（1991）和 NAS 1638 进行检测。可瓶取样测量，也可用于压力系统在线检测；

本实验就是利用 ABAKUS 油液污染度检测仪对某液压站的液压油进行瓶取样检测和在线检测。分别对测量结果进行打印输出。

2.4.3.4　实验方法和步骤

（1）开机前，必须首先将进出油管连接妥当，特别是测量带压力的系统时尤其需要仔细检查接口的连接情况，在确认无误后方可开机。

（2）给 ABAKUS 油液污染度检测仪通电，对仪器进行参数设定。

（3）瓶取样测量时，油管连接方式为通过透明软管直接将被检测介质引入系统吸口。瓶取样测量之前，要将样品充分摇匀，如果被测介质中含有气泡，则应将其去除。然后尽快开始测量。经过上述处理的介质应尽可能在 5～10min 内测量完毕，否则介质内的颗粒可能会发生沉降，影响测量的准确性。

（4）在线测量时，将被测介质接入压力接口，通过减压阀降压之后再由吸口接入系统。这种方式用于连接到高、低压油液系统进行在线测量，不适于水性介质的检测。

（5）测量之后的液体通过出口流出后，可以由过渡胶管经快速接头引入集液盒内，也可通过软管由快速接头引入其他盛装容器。

（6）如果需接入高压系统进行在线测量，首先要了解被测系统内压力的大小，如果最高压力大于 31.5MPa，则不宜测量。连接仪器和高压系统时，要使用随仪器配置的带有自封接头的耐高压微测量软管，并注意微测量管要先将连接仪器一端接好之后，再连接被测量的高压系统一端，以防油液喷出。与高压系统连接好之后，须先开启旁路冲洗调节钮，利用带压的被测介质对管路加以冲洗，冲洗量一般要大于 250ml。

（7）测量前，首先须观察所测介质的外观，查看是否有肉眼可见的杂质、气泡或油液介质中含有水滴等情况。如果杂质较多，则不宜再使用本仪器检测，因为大颗粒（>500μm）可能会造成传感器的堵塞。而油液中水的含量过多，会严重影响测量结果，使测出的颗粒数量严重偏高；这种情况下应进行脱水处理之后再做测量或考虑换油。

（8）被测介质中有气泡存在时，因为气泡尺寸一般大于 100μm，这样会引起测量结果中大颗粒异常增多，使测量数据无效。在线测量时如果发现软管中有气泡吸入，应改变测量点，如果无法避免气泡影响则应改为瓶取样测量。在取采样测试中，可以用超声波仪或真空抽吸方法去掉气泡。

（9）选择测量方式—常规测量和自动测量。常规测量是按照在 Adjust 常规菜单中已设定的参数（冲洗和计数容积）和方式（单次、循环）进行。自动测量是按预先在 adjust device \ autostart 菜单设定好的启动时间、循环次数和循环时间，本仪器能按预先设定的开始时间和测量次数自动开始做自动测量。

（10）测量结果存储。

（11）测试结果用测试仪器自带的打印机打印输出。

（12）用系统自带的软件在计算机上控制测量，参数设置、测量过程控制均由计算机完成，最后用计算机打印机打印测试结果。

（13）测量结束，清洗仪器。

2.4.3.5 实验报告

按本书第Ⅲ部分中对本实验的具体要求完成实验报告。

3　液压设计型实验

除基础实验和综合实验外，学生可自行设计、组装和扩展各种实验，可以进行可编程序控制器（PLC）电气控制实验及机-电-液—体化控制实验等设计型实验。

教师给出实验任务及实验条件，学生在规定时间内完成实验方案的设计、液压系统回路组装、控制系统的调试以及实验报告的撰写等，最终完成整个设计实验任务。

参考实验任务：

（1）计算机控制低压齿轮泵性能测试；

（2）计算机控制低压齿轮马达性能测试；

（3）PLC 控制顺序阀静态、动态性能测试；

（4）PLC 控制节流阀性能测试；

（5）PLC 与液压相结合的其他控制实验；

（6）其他实现特殊要求的液压回路；

（7）计算机与液压相结合的其他控制实验。

主要实验设备：

YCS-C 型液压综合实验台。

3.1　液压锁紧实验

3.1.1　实验目的、任务与设备

（1）实验目的

通过给出的液压锁紧实验任务，学生需了解典型的液压锁紧回路及其作用，了解锁紧回路在工业中的应用。掌握实验中用到的各种液压元件的工作原理、职能符号及其运用。掌握 PLC 编程及控制方法。

（2）实验任务

1）设计液压缩紧回路，完成回路的组装、调试、试验。

2）设计 3 种缩紧回路方案，绘制原理图，论证各方案的优、缺点，最终确定一个相对最优方案。

3）要求方案中必须有压力控制和时间控制，由 PLC 实现。

4）完成 PLC 编程。

5）选择液压元件、传感器等，在实验台上组装所设计的液压回路，在控制面板上连接电器元件。验证设计方案的可行性及正确性。

6）撰写实验报告。

（3）实验设备

YCS-C 型液压综合教学实验台 1 台，各种液压元件及传感器等若干。

3.1.2　实验过程与结果

（1）实验方式

预约开放实验。

（2）实验时间

约 12 学时，其中：

方案设计论证及原理图绘制	4 学时
完成 PLC 编程	2 学时
回路组装验证	4 学时
撰写实验报告	2 学时

（3）实验报告

按本书第Ⅲ部分中对本实验的具体要求完成实验报告。

（4）实验评价

由实验老师根据学生在整个设计实验各个过程的表现及实验完成情况给每个学生给出实验成绩评价。

3.2　蓄能器稳压实验

3.2.1　实验目的、任务与设备

（1）实验目的

通过给出的蓄能器稳压实验任务，学生需首先了解蓄能器的工作原理，结构。熟悉并掌握蓄能器在保压回路、夹紧回路的应用，了解蓄能器在工业中的应用。掌握实验中用到的各种液压元件的工作原理、职能符号及其运用。掌握 PLC 编程及控制方法。

（2）实验任务

1）设计蓄能器稳压回路，完成回路的组装、调试、试验；

2）设计 3 种蓄能器稳压回路方案，绘制原理图，论证各方案的优、缺点，最终确定一个相对最优方案；

3）要求方案中由 PLC 实现对电磁换向阀、电磁溢流阀的控制；

4）完成 PLC 编程；

5）选择液压元件、传感器等，在实验台上组装所设计的液压回路，在控制面板上连接电器元件。验证设计方案的可行性及正确性；

6）撰写实验报告。

（3）实验设备

YCS-C 型液压综合教学实验台 1 台，各种液压元件及传感器等若干。

3.2.2　实验过程与结果

（1）实验方式

预约开放实验。

（2）实验时间

约 12 学时，其中：

方案设计论证及原理图绘制	4 学时
完成 PLC 编程	2 学时

回路组装验证 4 学时
撰写实验报告 2 学时

（3）实验报告

按本书第Ⅲ部分中对本实验的具体要求完成实验报告。

（4）实验评价

由实验老师根据学生在整个设计实验各个过程的表现及实验完成情况给每个学生给出实验成绩评价。

第Ⅱ部分 气 动 实 验

4 QD-A 型气动综合实验台简介

QD-A 型气动综合教学实验台是具有继电器控制、PLC 控制、触摸屏操作、快速组装性能的综合性气动实验台，设计为框架结构，上半部分是 T 形槽板和电器控制面板，下半部分是实验桌面元件工具储存抽屉。气动元件安装面板采用高强度铝合金 T 形槽面板，利用事先安装在过渡面板上的气动元件和快速插接头，实现元件的快速安装和更换，可以快速灵活地组装回路。电器控制包括继电器控制和可编程控制器（PLC）控制，PLC 的端子为开放式，可以根据实验要求任意接线。

A QD-A 型气动 PLC 控制综合教学实验台结构

QD-A 型气动 PLC 控制综合教学实验台结构如图 4-1 所示。

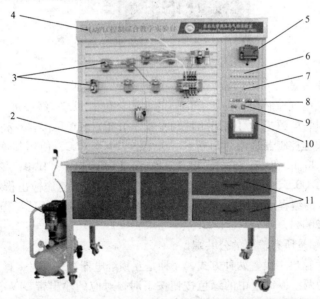

图 4-1 QD-A 型气动 PLC 控制综合教学实验台外形图

1—空压机；2—T 形槽实验板；3—气动元件（带过渡连接板）；4—标牌；5—可编程控制器（PLC）；
6—PLC 输出端子；7—PLC 输入端子；8—按钮及指示灯；9—电源开关；
10—触摸屏；11—元件及工具抽屉

B 电气控制面板简介

电气控制面板如图 4-2 所示。

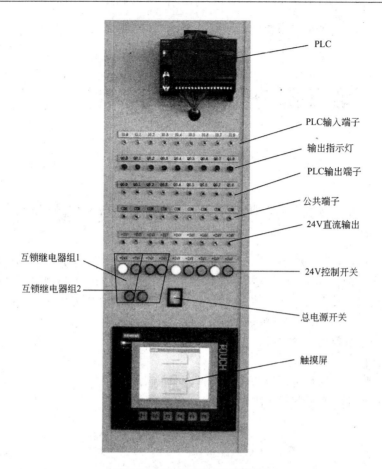

图 4-2　电气控制面板外形图

C　控制面板使用说明

总电源开关控制电气控制面板上所有电器的电源，包括 PLC、触摸屏、24V 直流电源等。当打开总电源开关时，电源指示灯亮，此时 PLC 指示灯亮，触摸屏屏幕点亮，并开始初始化。

本实验台的可编程控制器选用西门子 S7-200 系列 24 点 PLC，使用其输入输出各 9 个点，分别为输入 I0.0，I0.1，I0.2，I0.3，I0.4，I0.5，I0.6，I0.7，I1.0；输出 Q0.0，Q0.1，Q0.2，Q0.3，Q0.4，Q0.5，Q0.6，Q0.7，Q1.0。每个输出点设对应输出指示灯，当输出有效时，指示灯亮。PLC 的编程及使用可参考由东北大学宋君烈主编的《可编程控制器实验教程》（东北大学出版社，2004）。

公共端子 COM 端是所有输出的公共端。

本实验台在 24V 输出中设置两种方式，一种是互锁继电器方式，另一种为直接输出。

互锁继电器分为两组，每组中的绿色按钮按下时，对应的输出带 24V 直流电；按下另一个绿色按钮时，对应的输出带 24V 直流电，同时前一个按钮灯灭且 24V 断开；只有按下红色按钮时两个按钮才能都不带电；这种电源控制方式用于电磁阀中有一对电磁铁的控制。

直接控制 24V 输出的控制方式中，按下绿色按钮时指示灯亮，同时对应的 24V 插孔带电；再次按下按钮，指示灯灭，24V 电源断开。

本实验台触摸屏采用西门子公司 K-TP178micro 型触摸屏。触摸屏的编程及使用参见西门子公司提供的 K-TP178micro 型触摸屏技术资料及学习光盘。

5 气动基础实验

气动基础实验是必修实验。设置气动基础实验的主要目的，是通过基础实验的训练，培养学生学习气动课程的兴趣，提高学生实际动手能力，使学生更扎实地掌握气动课程内容。同时也为气动综合实验打好基础。

A 实验任务

（1）使学生掌握各种气动元件及辅助元件的结构及使用性能；

（2）掌握 QD-A 型气动综合实验台的使用方法；

（3）根据参考实验回路，在实验台上实际连接实验元件，搭接回路，实现回路的设计动作和功能；

（4）掌握各种回路的应用条件及应用场合。

气动基础实验所用设备为 QD-A 型气动 PLC 控制综合教学实验台。

B 实验报告基本要求

（1）绘制气动回路原理图；

（2）叙述动作过程；

（3）回答思考题。

C 参考回路

本书详细提供如下 18 种气动参考回路实验作为基础实验，学生在规定的实验学时内选做其中某几项，具体数量由教师根据教学大纲决定。

单作用气缸的换向回路；

双作用气缸的换向回路；

单作用气缸的速度调节回路（单向、双向）；

双作用气缸的速度调节回路（进口调节、出口调节）；

速度换接回路；

缓冲回路；

互锁回路；

过载保护回路；

单缸单往复控制回路；

单缸连续往复控制回路；

双缸顺序动作回路；

三缸联动回路；

二次压力控制回路；

高低压力转换回路；

计数回路；

延时回路；

逻辑阀的应用回路（或逻辑）；

双手操作回路。

5.1　单作用气缸的换向回路实验

5.1.1　实验目的与实验设备

（1）掌握本实验所用气动元件及辅助元件的结构及使用性能；
（2）学会 QD-A 型气动综合实验台的使用方法；
（3）掌握单作用气缸换向回路的应用条件及应用场合；
（4）实验所用设备为 QD-A 型气动综合教学实验台。

5.1.2　实验原理

方向控制回路的作用是利用各种方向阀来控制流体的通断和变向，以便使执行元件启动、停止和换向。一般方向控制回路只需在动力元件与执行元件之间采用普通换向阀即可。

本实验单作用气缸的换向回路是采用二位三通气动换向阀（常闭型）的一般方向控制回路。二位三通换向阀 2 右位时（DT 带电时），压缩空气进入气缸左腔，活塞压缩弹簧向右移动。电磁换向阀 2 左位时（DT 失电），气缸活塞在弹簧力作用下左移，如此改变气缸活塞运动方向。节流阀 1 可以控制气缸活塞右移（伸出）速度。

实验原理图如图 5-1 所示。

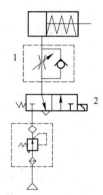

图 5-1　单作用气缸
换向回路原理图

5.1.3　实验步骤

（1）依据本实验的要求选择所需的气动元件（单作用气缸（弹簧回位）、单向节流阀、二位三通电磁换向阀（常闭型）、三联件、长度合适的连接软管及快速接头），并检验元器件的使用性能是否正常。

（2）看懂原理图，按照原理图在实验台上搭接实验回路。

（3）将二位三通单电磁换向阀的电源输入口插入相应的控制板输出口。

（4）确认连接安装正确，把三联件的调压旋钮放松，通电，开启气泵。待泵工作正常后，再次调节三联件的调压旋钮，使回路中的压力在系统工作压力范围以内。

（5）当二位三通电磁换向阀通电时，右位接入，气缸左腔进气，气缸伸出；失电时，气缸靠弹簧的弹力返回（在缸的伸缩过程中，通过调节回路中的单向节流阀，可以控制气缸伸出的动作快慢）。

（6）实验完毕后，关闭泵，切断电源，待回路压力为零时，拆卸回路，清理元器件并放回规定的位置。

思考题：

（1）若把回路中单向节流阀拆掉重做一次实验，气缸的活塞运动是否会很平稳，冲击效果是否很明显，回路中单向节流阀的作用是什么？

（2）采用三位五通双电磁换向阀是否能实现缸的定位，主要是利用了三位五通双电磁阀的什么机能？

（3）类似的液压换向回路与气动回路有哪些主要区别？

5.1.4　实验报告

按本书第Ⅲ部分中对本实验的具体要求完成实验报告。

5.2　双作用气缸的换向回路实验

5.2.1　实验目的与实验设备

（1）掌握本实验所用气动元件及辅助元件的结构及使用性能；
（2）学会 QD-A 型气动综合实验台的使用方法；
（3）掌握双作用气缸换向回路的应用条件及应用场合；
（4）实验所用设备为 QD-A 型气动综合教学实验台。

5.2.2　实验原理

方向控制回路的作用是利用各种方向阀来控制流体的通断和变向，以便使执行元件启动、停止和换向。一般方向控制回路只需在动力元件与执行元件之间采用普通换向阀即可。

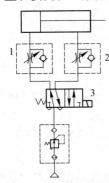

本实验双作用气缸的换向回路是采用二位五通气动换向阀的一般方向控制回路。二位五通换向阀 3 左位接入时（DT 不带电时），压缩空气进入气缸左腔，气缸活塞右移，右腔气体通过单向节流阀 2 再经电磁换向阀排到大气层。二位五通换向阀右位接入时（即 DT 带电），压缩空气进入气缸右腔，气缸活塞左移，左腔气体通过单向节流阀 1 和电磁阀排到大气层，如此改变气缸活塞运动方向。两单向节流阀可以控制气缸活塞两个方向的运动速度（出口节流）。

实验原理图如图 5-2 所示。

5.2.3　实验步骤

图 5-2　双作用气缸
换向回路原理图

（1）依照实验回路图选择气动元件（单杆双作用缸、两个单向节流阀、二位五通单电磁换向阀、三联件、长度合适的连接软管及快速接头），并检验元器件的实用性能是否正常。

（2）读懂实验原理图，按原理图在实验台上搭接实验回路。

（3）将二位五通单电磁换向阀的电源输入口插入相应的控制板输出口。用适当的控制方式（直接控制或 PLC 控制）控制电磁阀。

（4）确认连接安装正确稳妥，把三联件的调压旋钮放松，通电，开启气泵。待泵工作正常后，再次调节三联件的调压旋钮，使回路中的压力在系统工作压力范围以内。

（5）当二位五通单电磁阀处于如图 5-2 所示工作位置，气体从泵出来经过电磁阀再经过节流阀到达气缸左腔，使气缸活塞右移；当电磁阀右位接入，气体经电磁阀的右位进入气缸的右腔，气缸活塞左移。

（6）实验完毕后，关闭泵，切断电源，待回路压力为零时，拆卸回路，清理元器件并放回规定的位置。

思考题：

（1）把回路中单向节流阀拆掉重做一次实验，气缸的活塞运动是否会很平稳，而且冲击效果是否很明显，回路中用单向节流阀的作用是什么？

（2）三位五通双电磁换向阀是否能实现缸的定位，主要利用了三位五通双电磁阀的什么机能？

（3）用双杆双作用缸代替单杆双作用缸，效果会如何？

5.2.4　实验报告

按本书第Ⅲ部分中对本实验的具体要求完成实验报告。

5.3　单作用气缸的速度调节回路实验

5.3.1　实验目的与实验设备

（1）掌握本实验所用气动元件及辅助元件的结构及使用性能；

（2）学会 QD-A 型气动综合实验台的使用方法；

（3）掌握单作用气缸速度调节回路的应用条件及应用场合；

（4）实验所用设备为 QD-A 型气动综合教学实验台。

5.3.2　实验原理

与液压传动相比，气压传动有很高的运动速度，这在某种意义上来讲是一大优点。但是许多场合不需要执行机构高速运动，这就需要通过控制元件进行速度控制。由于气动系统所使用的功率都不太大，调速方式大多采用节流调速。

本实验是利用单向节流阀对单作用气缸进行速度控制。在这种调速回路中，又分为单向调速回路和双向调速回路。

单向调速回路实验原理图如图 5-3 所示。

单向调速回路是在单作用气缸的无弹簧腔（左腔）入口回路上接一单向节流阀 1，当电磁阀 2 处于右位时（DT 带电），高压气体通过节流口进入气缸左腔，通过改变节流口大小而控制进气量，达到控制气缸活塞右移速度的目的。当电磁阀处于左位时，气缸活塞在弹簧力作用下左移，左腔空气经过单向阀—电磁阀排入大气层，此时不能控制其运动速度，故属单向调速回路。这种节流调速属于进口节流调速形式。

双向调速回路实验原理如图 5-4 所示。在单作用气缸的无弹簧腔（左腔）入口回路上接两个方向相反的单向节流阀 1 和 2，当电磁阀处于右位时（DT 带电），高压气体通过 2 号单向

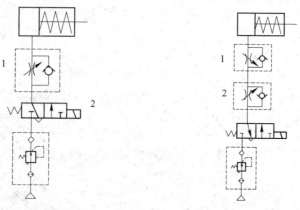

图 5-3　单向调速回路原理图　　　　图 5-4　双向调速回路原理图

节流阀中的单向阀和 1 号单向节流阀中的节流口进入气缸左腔，通过改变 1 号节流口大小而控制进气量，达到控制气缸活塞右移速度的目的（入口节流）。当电磁阀处于左位时，气缸活塞在弹簧力作用下左移，左腔空气经过 1 号单向节流阀中的单向阀和 2 号单向节流阀中的节流口，通过改变 2 号节流口大小而控制出气量，达到控制气缸活塞左移速度的目的（出口节流）。两个方向都能通过控制各自的节流阀控制其运动速度，故属双向调速回路。

5.3.3 单向调速回路实验步骤

（1）根据实验原理图选择实验所用的元件（单作用（弹簧回位）气缸、单向节流阀、手动换向阀、三联件、连接软管），并检验元件使用性能是否正常。

（2）看懂原理图，在实验台上搭接实验回路。

（3）将二位二通单电磁换向阀的电源输入口插入相应的控制板输出口。用适当的控制方式（直接控制或 PLC 控制）控制电磁阀。

（4）确认连接安装正确稳妥，把三联件的调压旋钮放松，通电，开启气泵。待泵工作正常后，再次调节三联件的调压旋钮，使回路中的压力稳定在系统工作压力范围以内。

（5）当电磁阀通电右位接入，气体经过三联件经过电磁阀的右位，再经过回路中的单向节流阀进入气缸的左腔，气缸活塞向右伸出。电磁失电后在弹簧的作用下活塞回位。

（6）在实验的过程中调节回路中单向节流阀来控制活塞的伸出运动速度。

（7）实验完毕后，关闭泵，切断电源，待回路压力为零时，拆卸回路，清理元器件并放回规定的位置。

思考题：

若想要活塞快速回位，如何实现？

5.3.4 双向调节回路实验步骤

（1）根据实验需要选择元件（弹簧回位单作用缸，单向节流阀，二位三通单电磁换向阀，三联件、连接软管），并检验元件实用性能是否正常。

（2）看懂原理图，在实验台上搭接实验回路。

（3）将二位三通单电磁换向阀的电源输入口插入相应的控制板输出口。用适当的控制方式（直接控制或 PLC 控制）控制电磁阀。

（4）确认连接安装正确稳妥，把三联件通电的调压旋钮放松，开启气泵。待泵工作正常后，再次调节三联件的调压旋钮，使回路中的压力在系统工作压力范围以内。

（5）当电磁阀处于右位时（DT 带电），高压气体通过 2 号单向节流阀中的单向阀和 1 号单向节流阀中的节流口进入气缸左腔，通过改变 1 号节流口大小而控制进气量，达到控制气缸活塞右移速度的目的（入口节流）。

（6）当电磁阀处于左位时，气缸活塞在弹簧力作用下左移，左腔空气经过 1 号单向节流阀中的单向阀和 2 号单向节流阀中的节流口，通过改变 2 号节流口大小而控制出气量，达到控制气缸活塞左移速度的目的（出口节流）。

（7）实验完毕后，关闭泵，切断电源，待回路压力为零时，拆卸回路，清理元器件并放回规定的位置。

思考题：

（1）还有什么样的方法可以达到双向调速的目的，怎样实现？

（2）进口节流和出口节流调速有何不同？

5.3.5　实验报告

按本书第Ⅲ部分中对本实验的具体要求完成实验报告。

5.4　双作用气缸的速度调节回路实验

5.4.1　实验目的与实验设备

（1）掌握本实验所用气动元件及辅助元件的结构及使用性能；

（2）学会 QD-A 型气动综合实验台的使用方法；

（3）掌握双作用气缸速度调节回路的应用条件及应用场合；

（4）实验所用设备为 QD-A 型气动综合教学实验台。

5.4.2　实验原理

与液压传动相比，气压传动有很高的运动速度，这在某种意义上来讲是一大优点。但是许多场合不需要执行机构高速运动，这就需要通过控制元件进行速度控制。由于气动系统所使用的功率都不太大，调速方式大多采用节流调速。

本实验是利用单向节流阀对双作用气缸进行速度控制。在这种调速回路中又分为进口调速回路和出口调速回路。

进口调速回路原理图如图 5-5 所示。

进口调速回路中，双作用气缸的每个入口各安装一个单向节流阀。当二位五通电磁阀 3 左位得电后，压缩空气通过单向节流阀 1 中的节流口进入气缸的左腔，活塞在压缩空气的作用下向右运动。气缸右腔的空气经过单向节流阀 2 中的单向阀再经电磁阀 3 排入大气。在此过程中，调节单向节流阀 1 的开口大小就能调节活塞的运动速度，实现了进口调速功能。而当电磁阀 3 右位接入时，压缩空气经过电磁阀 3 的右位，再经过单向节流阀 2 中的节流口进入缸的右腔，活塞在压缩空气的作用下向左运行。而在此过程中调节单向节流阀 1 就不起节流作用，只有调节单向节流阀 2 才能控制活塞的运动速度。两个方向的速度控制都是通过进口的单向节流实现的，因此称为进口调速回路。

出口调速回路原理图如图 5-6 所示。

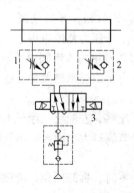

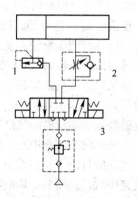

图 5-5　进口调速回路原理图　　　　　图 5-6　出口调速回路原理图

本实验的出口调速回路主要由三位五通电磁阀 3、单向节流阀 2 及快速排气阀 1 等组成。电磁换向阀 3 中位时，气缸不动作。当电磁换向阀 3 左位得电时，压缩空气经电磁换向阀再经过快速排气阀1进入缸的左腔，活塞在压缩空气的作用下向右运动，在此时调节出口的单向节流阀2的开口大小就能改变活塞的运行速度。而当电磁阀3的右位接入时，压缩空气进入缸的右腔使活塞向左运动，由于缸的左边是接了一个快速排气阀1，所以可以使活塞迅速地回位，此时不能控制活塞的运动速度。

5.4.3 进口调速回路实验步骤

（1）根据实验的需要选择元件（双杆双作用缸、单向节流阀两个、二位四通双电磁换向阀、三联件、连接软管），并检验元件的实用性能是否正常。

（2）看懂原理图，在实验台上搭建实验回路。

（3）将二位四通双电磁换向阀的电源输入口插入相应的控制板输出口。用适当的控制方式（直接控制或 PLC 控制）控制电磁阀。

（4）确认连接安装正确稳妥，把三联件的调压旋钮放松，通电，开启气泵。待泵工作正常后，再次调节三联件的调压旋钮，使回路中的压力在系统工作压力范围以内。

（5）当电磁阀得电后（如图5-5所示位置），压缩空气通过三联件经过电磁阀3再经过单向节流阀1进入气缸的左腔，活塞在压缩空气的作用下向右运动。在此过程中，调节单向节流阀1的开口大小就能调节活塞的运动速度，实现了进口调速功能。

（6）当电磁阀右位接入时，压缩空气经过电磁阀3的右边再经过单向节流阀2进入缸的右腔，活塞在压缩空气的作用下向左运行。在此过程中，调节单向节流阀1就再不起作用，只有调节单向节流阀2才能控制活塞的运动速度。

（7）实验完毕后，关闭泵，切断电源，待回路压力为零时，拆卸回路，清理元器件并放回规定的位置。

思考题：

（1）换用其他的换向阀做实验看看，顺便了解其他换向阀的工作机能。

（2）想想如果不采用单向节流阀，而采用一般节流阀行不行？

（3）将节流阀的方向接反，看看实验结果会怎样？

5.4.4 出口调速回路实验步骤

（1）根据实验的需要选择元件（单杆双作用杆、单向节流阀、快速排气阀、三位五通双电磁换向阀、三联件、连接软管），并检验元件的使用性能是否正常。

（2）看懂原理图，在实验台上搭建实验回路。

（3）将三位五通双电磁换向阀的电源输入口插入相应的控制板输出口。用适当的控制方式（直接控制或 PLC 控制）控制电磁阀。

（4）确认连接安装正确稳妥，把三联件的调压旋钮放松，通电，开启气泵。待泵工作正常后，再次调节三联件的调压旋钮，使回路中的压力在系统工作压力范围以内。

（5）电磁换向阀如图5-6所示时，压缩空气是进入不了缸，当电磁换向阀3左侧电磁铁得电时左位接入，压缩空气经三联件过电磁换向阀3再经过快速排气阀1进入气缸的左腔，活塞在压缩空气的作用下向右运动，此时调节出口的单向节流阀2的开口大小就能随意地改变活塞的运行速度。

（6）当电磁阀的右位接入时，压缩空气进入气缸的右腔活塞向左运动，由于气缸的左边是接了一个快速排气阀，所以可以迅速地回位（对于小压力小管径的系统也可以不用快排阀）。

（7）实验完毕后，关闭泵，切断电源，待回路压力为零时，拆卸回路，清理元器件并放回规定的位置。

思考题：

（1）本实验出口调速回路中，如何实现在活塞回位时也能控制速度？

（2）用进口节流调速回路的原件能否实现出口节流调速，原理图和关键元件的连接需做怎样的改变？

（3）解释节流调速中"爬行"和"自走"现象。

（4）分析这两种速度控制回路的应用条件。

5.4.5 实验报告

按本书第Ⅲ部分中对本实验的具体要求完成实验报告。

5.5 速度换接回路实验

5.5.1 实验目的与实验设备

（1）掌握本实验所用气动元件及辅助元件的结构及使用性能；

（2）学会 QD-A 型气动综合实验台的使用方法；

（3）掌握速度换接回路的应用条件及应用场合；

（4）实验所用设备为 QD-A 型气动综合教学实验台。

5.5.2 实验原理

速度换接回路主要用于使执行元件在一个工作循环中，从一种速度变换到另一种速度。

本实验是由接近开关控制的速度换接回路，回路实验原理图如图 5-7 所示。

二位五通电磁换向阀 4 左位时（DT 不得电），压缩空气经过三联件、二位五通电磁换向阀 4、单向节流阀 1 进入气缸的左腔，活塞在压缩空气的作用向右运动，此时缸的右腔空气经过二位二通电磁阀 2（此时二位二通电磁阀 DT 带电）、二位五通电磁换向阀 4 排出。

当活塞杆接触到接近开关 5 时，接近开关动作，控制二位二通电磁阀 2 失电换位，右腔的空气只能从单向节流阀 3 排出，此时只要调节单向节流阀的开口就能控制活塞运动的速度。从而实现了一个从快速运动到较慢运动的换接。

当二位五通电磁阀 4 右位接入时，可以实现快速回位。此实验的核心内容是由接近开关控制二位二通电磁换向阀。

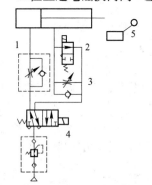

图 5-7　速度换接回路
实验原理图

5.5.3 实验步骤

（1）根据实验的需要选择元件（单杆双作用缸、单向节流阀、二位二通单电磁换向阀、二位四通单电磁换向阀、三联件、接近开关、连接软管）。检验元件的使用性能是否正常。

（2）看懂原理图，在实验台上搭建实验回路。

（3）将二位四通双电磁换向阀和二位二通单电磁换向阀以及接近开关的电源输入口插入相应的控制板输出口。用适当的控制方式（直接控制或 PLC 控制）控制电磁阀。

（4）确认连接安装正确稳妥，把三联件的调压旋钮放松，通电，开启气泵。待泵工作正常后，再次调节三联件的调压旋钮，使回路中的压力在系统工作压力范围以内。

（5）电磁换向阀4不得电如图5-7所示，压缩空气经过三联件、电磁换向阀4、单向节流阀1进入缸的左腔，活塞在压缩空气的作用向右运动，此时缸的右腔空气经过二位二通电磁阀、电磁换向阀4排出。

（6）当活塞杆接触到接近开关5时，接近开关控制二位二通电磁阀2失电换位，右腔的空气只能从单向节流阀3排出，此时只要调节单向节流阀的开口就能控制活塞运动的速度。从而实现了一个从快速运动到较慢运动的换接。

（7）当二位四通电磁阀右位接入时，可以实现快速回位。

（8）实验完毕后，关闭泵，切断电源，待回路压力为零时，拆卸回路，清理元器件并放回规定的位置。

思考题：

（1）怎样用其他的方法实现速度的换接？

（2）怎样在现实生产中运用速度换接回路？

5.5.4 实验报告

按本书第Ⅲ部分中对本实验的具体要求完成实验报告。

5.6 缓冲回路实验

5.6.1 实验目的与实验设备

（1）掌握本实验所用气动元件及辅助元件的结构及使用性能；

（2）学会 QD-A 型气动综合实验台的使用方法；

（3）掌握缓冲回路的应用条件及应用场合；

（4）实验所用设备为 QD-A 型气动综合教学实验台。

5.6.2 实验原理

缓冲回路是速度换接回路的一种。速度换接回路主要用于使执行元件在一个工作循环中，从一种速度变换到另一种速度。缓冲回路主要使执行元件的速度不至于瞬间降为零，而是有一个缓冲过程。

某缓冲回路实验原理图如图5-8所示。

压缩空气经三联件经二位五通电磁换向阀5的左位再经单向节流阀3的单向阀进入气缸的左腔，右腔的空气经机械阀2的下位（此时2未被压下）再经电磁阀5排入大气层，活塞向右运动；当活塞杆撞到右侧机械阀2时，机械阀2上位接入，气缸右腔的空气只能通过单向节流阀4的节流口排出，活塞运动速度得到缓冲。调节节流阀4的节流口大小可调节缓冲的速度，改变机械阀的位置可以改变缓冲的开始时间。

二位五通电磁阀5右位接入（右侧电磁铁得电

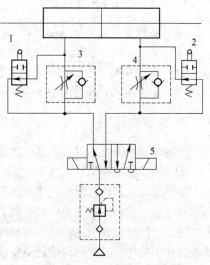

图 5-8 缓冲回路实验原理图

时，活塞在反向运动（向左运动）撞到机械阀 1 时，气缸左腔空气经单向节流阀 3 的节流口排出，同样得到速度的缓冲。

5.6.3　实验步骤

（1）根据实验需要选择元件（双杆双作用缸、单向节流阀、双气控阀、三联件、机械阀、连接软管）。并检验元件的实用性能是否正常。

（2）看懂原理图，在实验台上搭建实验回路。

（3）确认连接安装正确稳妥，把三联件中减压阀的调压旋钮放松，通电，开启气泵。待泵工作正常后，再次调节三联件的调压旋钮，使回路中的压力在系统工作压力范围以内。

（4）压缩空气经三联件经二位五通电磁换向阀 5 的左位再经单向节流阀 3 的单向阀进入气缸的左腔，右腔的空气经机械阀 2 的下位（此时 2 未被压下）再经电磁阀 5 排入大气层，活塞向右运动；当活塞杆撞到右侧机械阀 2 时，机械阀 2 上位接入，气缸右腔的空气只能通过单向节流阀 4 的节流口排出，活塞运动速度得到缓冲。

（5）二位五通电磁换向阀 5 右位接入（右侧电磁铁得电）时，活塞在反向运动（向左运动）撞到机械阀 1 时，气缸左腔空气经单向节流阀 3 的节流口排出，同样得到速度的缓冲。

（6）实验完毕后，关闭泵，切断电源，待回路压力为零时，拆卸回路，清理元器件并放回规定的位置。

思考题：

（1）单向节流阀在此实验回路中的作用是什么？

（2）这种速度调节属于哪种节流形式？

（3）还有其他形式的速度缓冲回路吗？试画出 1~2 种原理图。

5.6.4　实验报告

按本书第Ⅲ部分中对本实验的具体要求完成实验报告。

5.7　互锁回路实验

5.7.1　实验目的与实验设备

（1）掌握本实验所用气动元件及辅助元件的结构及使用性能；

（2）学会 QD-A 型气动综合实验台的使用方法；

（3）掌握互锁回路的应用条件及应用场合；

（4）实验所用设备为 QD-A 型气动综合教学实验台。

5.7.2　实验原理

气动互锁回路是为保证只有一个活塞动作，防止各气缸的活塞同时动作。

某互锁回路实验原理如图 5-9 所示。

如图所示位置时，没有一个缸可以动作；当电磁换向阀 1 电磁铁得电（2 号不得电）时，压缩空气经电磁阀 1 右位使双气控阀 3 动作左位接入，压缩空气进入左缸的左腔，左缸的活塞向右运行，同时压缩空气经或门逻辑梭阀 5 使双气控二位五通换向阀 4 一直是右位工作，右缸活塞锁住不能伸出。此时即使使电磁换向阀 2 得电，右缸活塞仍然不能伸出。

只有使电磁阀 1 电磁铁失电恢复原位，电磁换向阀 2 电磁铁得电时，气控换向阀 4 左位接

入，压缩空气经过双气控阀 4 的左位
进入右缸的左腔，活塞向右运行。同
时压缩空气经或门逻辑梭阀 6 控制双
气控阀 3 一直右位接入，左气缸活塞
杆不能伸出，从而避免了两个气缸活
塞同时向右动作（右侧为载荷）。

5.7.3　实验步骤

（1）根据实验的需要选择元件
（单杆双作用缸、或门逻辑梭阀、双气
控二位五通换向阀、二位三通常闭电
磁阀、三联件、连接软管），并检验元
件的使用性能是否正常。

（2）看懂原理图，在实验台上搭
建实验回路。

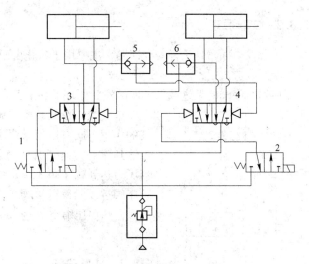

图 5-9　互锁回路实验原理图

（3）将二位三通单电磁换向阀的电源输入口插入相应的控制板输出口。

（4）确认连接安装正确稳妥，把三联件的调压旋钮放松，通电，开启气泵。待泵工作正常后，再次调节三联件的调压旋钮，使回路中的压力在系统工作压力范围以内。

（5）假设初始位置如图 5-9 所示（气缸活塞全部缩回），此时没有一个缸可以动作；当左边电磁阀得电时，压缩空气经左边电磁阀使双气控阀动作左位接入。压缩空气进入左缸的左位，左缸的活塞向右运行，同时压缩空气经或门梭阀让右边气控阀一直是右位工作，右缸不能伸出，即使使右侧电磁阀电磁铁得电活塞也不能动作，即活塞被锁住。

（6）当左边的电磁阀失电（恢复原位），右边的电磁换向阀电磁铁得电工作时，压缩空气经过双气控阀的左位进入右缸的左腔，活塞向右运行。同时压缩空气经或门逻辑阀控制左边的双气控阀一直右位接入，左侧气缸不能伸出，从而避免了两活塞同时向右动作（右侧为负载）。

（7）实验完毕后，关闭泵，切断电源，待回路压力为零时，拆卸回路，清理元器件并放回规定的位置。

思考题：

（1）如果要实现三级互锁，应该怎么做？

（2）梭阀与快速排气阀有什么区别？

5.7.4　实验报告

按本书第Ⅲ部分中对本实验的具体要求完成实验报告。

5.8　过载保护回路实验

5.8.1　实验目的与实验设备

（1）掌握本实验所用气动元件及辅助元件的结构及使用性能；

（2）学会 QD-A 型气动综合实验台的使用方法；

（3）掌握过载保护回路的应用条件及应用场合；

（4）实验所用设备为 QD-A 型气动综合教学实验台。

5.8.2　实验原理

过载保护回路是一种安全回路，主要用于防止由于外载荷突然升高使系统压力突然急剧升高时给系统造成损害。

使用顺序阀的某过载保护回路实验原理图如图 5-10 所示。

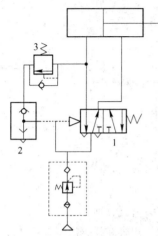

单气控二位五通换向阀 1 在初始时处于右位，活塞在压缩空气的作用下向右运行，假设在向右前进的过程中用手推活塞杆模拟遇到障碍，速度突然急剧下降，此时缸的左腔压力随之增大。当压力达到顺序阀 3 调定的压力值时，顺序阀打开，压缩空气经顺序阀过或门逻辑梭阀 2 作用于单气控阀，使单气控换向阀左位接入，从而压缩空气进入缸的右腔作用活塞向左运行，实现过载保护。

5.8.3　实验步骤

（1）根据实验需要选择元件（单杆双作用缸、顺序阀、或门逻辑梭阀、单气控阀、三联件、连接软管），并检验元件的使用性能是否正常。

图 5-10　过载保护回路
实验原理图

（2）看懂原理图，在实验台上搭建实验回路。

（3）确认连接安装正确稳妥，把三联件的调压旋钮放松，通电，开启气泵。待泵工作正常后，再次调节三联件的调压旋钮，使回路中的压力在系统工作压力范围以内。

（4）活塞在压缩空气的作用下向右运行。在向右前进的过程中用手推活塞杆模拟遇到障碍，速度突然急剧下降，此时缸的左腔压力随之增大。当压力达到顺序阀的调定压力时，顺序阀 3 打开，压缩空气经顺序阀 3 过或门逻辑阀 2 作用单气控阀 1，使单气控阀 1 左位接入，从而压缩空气进入缸的右腔作用活塞向左运行。实现过载保护。

（5）实验完毕后，关闭泵，切断电源，待回路压力为零时，拆卸回路，清理元器件并放回规定的位置。

思考题：

（1）在回路中，用机械阀作为负载能不能做演示实验实现过载保护功能，该如何搭接回路？

（2）可以采用什么阀来代替或门逻辑阀实现其功能？

5.8.4　实验报告

按本书第Ⅲ部分中对本实验的具体要求完成实验报告。

5.9　单缸单往复控制回路实验

5.9.1　实验目的与实验设备

（1）掌握本实验所用气动元件及辅助元件的结构及使用性能；

（2）学会 QD-A 型气动综合实验台的使用方法；

（3）掌握单缸单往复控制回路的应用条件及应用场合；

（4）实验所用设备为 QD-A 型气动综合教学实验台。

5.9.2 实验原理

单往复运动回路是往复动作回路的一种。

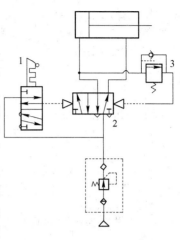

图 5-11 所示为一种用手动换向阀及顺序阀控制的单缸单往复控制回路原理图。

图示位置气缸活塞在最左位不运动。当控制手动换向阀 1 使气控二位五通换向阀 2 的左位接入，压缩空气经三联件过气控阀 2 进入气缸的左腔，活塞在压缩空气的作用下向右运动。当运行到位（极限位置—活塞接触到右侧缸盖）时，左腔的压力慢慢增大。当压力值达到顺序阀 3 调定值时，顺序阀打开，压缩空气经顺序阀作用于气控阀，促使气控阀换位—右位接入（此时手动换向阀 1 应回原位），活塞在压缩空气作用下向左运动，从而完成一个单往复动作。

图 5-11　单缸单往复控制
回路原理图

5.9.3 实验步骤

（1）根据实验需要选择元件（单杆双作用缸、顺序阀、手动换向阀、双气控阀、三联件、单向阀、连接软管），并检验元件的使用性能是否正常。

（2）看懂原理图，在实验台上搭建实验回路。

（3）确认连接安装正确稳妥，把三联件的调压旋钮放松，通电，开启气泵。待泵工作正常后，再次调节三联件的调压旋钮，使回路中的压力在系统工作压力范围以内。

（4）如图 5-11 所示，活塞是不运动的。当控制手动换向阀让气控阀的左位接入，压缩空气经三联件过气控阀进入缸的左腔，活塞在压缩空气的作用下向右运动，当运行到位时左腔的压力慢慢增大，当压力值达到打开顺序阀时压缩空气经顺序阀作用于气控阀促使气控阀换位—右位接入；活塞在压缩空气的作用下向左运动，从而完成一个单往复动作。

（5）实验完毕后，关闭泵，切断电源，待回路压力为零时，拆卸回路，清理元器件并放回规定的位置。

思考题：

（1）如果采用机械阀或接近开关来做实验，回路该怎么搭接？

（2）手动换向阀换成别的电磁阀做实验怎样做？

5.9.4 实验报告

按本书第Ⅲ部分中对本实验的具体要求完成实验报告。

5.10 单缸连续往复控制回路实验

5.10.1 实验目的与实验设备

（1）掌握本实验所用气动元件及辅助元件的结构及使用性能；

（2）学会 QD-A 型气动综合实验台的使用方法；

（3）掌握单缸连续往复控制回路的应用条件及应用场合；

（4）实验所用设备为 QD-A 型气动综合教学实验台。

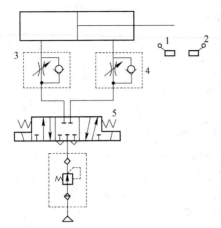

图 5-12　单缸连续往复控制回路原理图

5.10.2　实验原理

连续往复运动回路是往复动作回路的一种。

图 5-12 所示为一种用电磁换向阀及行程开关（接近开关）控制的单缸连续往复控制回路原理图。

当三位五通电磁换向阀 5 左侧电磁铁得电后，压缩空气经过电磁阀过单向节流阀 3 进入气缸的左腔，活塞向右运行。当活塞杆靠近接近开关 2 时，程序控制电磁阀 5 右侧电磁铁得电，右位接入，压缩空气过电磁阀 5 的右位和单向节流阀 4 进入缸的右腔，活塞在压缩空气的作用下向左运行。

当活塞杆靠近接近开关 1 时，程序控制电磁阀 5 左侧电磁铁得电动作换位，压缩空气进入缸的右腔，活塞又开始向右运动。从而实现连续往复运动。

5.10.3　实验步骤

（1）根据实验需要选择元件（单杆双作用缸、单向节流阀、接近开关、三位五通双电磁换向阀、三联件、连接软管），并检验元件的使用性能是否正常。

（2）看懂原理图，在实验台上搭建实验回路。

（3）将三位五通双电磁换向阀和接近开关输入口插入相应的控制板输出口（需编程确定）。

（4）确认连接安装正确稳妥，把三联件的调压旋钮放松，通电，开启气泵。待泵工作正常后，再次调节三联件的调压旋钮，使回路中的压力在系统工作压力范围以内。

（5）当电磁换向阀左侧电磁铁得电后，压缩空气经过电磁阀过单向节流阀进入缸的左腔，活塞向右运行。当杆靠近接近开关 2 时电磁阀右位接入，压缩空气过电磁阀的右位和单向节流阀进入缸的右腔，活塞在压缩空气的作用下向左运行。

（6）当杆靠近左边接近开关 1 时电磁阀动作换位压缩空气进入缸的右腔，活塞又开始向右运动。从而实现连续往复运动。

（7）实验完毕后，关闭泵，切断电源，待回路压力为零时，拆卸回路，清理元器件并放回规定的位置。

思考题：

（1）如果采用机械阀进行控制，该怎样搭接实验回路？

（2）如采用磁性开关来控制，又该如何搭接回路？

5.10.4　实验报告

按本书第Ⅲ部分中对本实验的具体要求完成实验报告。

5.11　双缸顺序动作回路实验

5.11.1　实验目的与实验设备

（1）掌握本实验所用气动元件及辅助元件的结构及使用性能；

（2）学会 QD-A 型气动综合实验台的使用方法；

（3）掌握双缸顺序动作回路的应用条件及应用场合；

（4）实验所用设备为 QD-A 型气动综合教学实验台。

5.11.2 实验原理

在气压传动系统中，用一个能源向两个或多个缸（或马达）提供压缩空气，按各气缸之间运动关系要求进行控制，完成预定功能的回路，称为多缸运动回路。

气缸严格地按给定顺序运动的回路称为顺序回路。顺序运动回路的控制方式有三种，即行程控制、压力控制和时间控制。

图 5-13 是一种由接近开关控制的双缸顺序动作回路原理图。当电磁阀 5 左侧电磁铁得电，左位接入，压缩空气使得单气控阀 3 动作，压缩空气进入左缸的左腔使得活塞向右运动；此时的右缸因为没有气体进入左腔而不能动作（此时右腔通压力气体）。

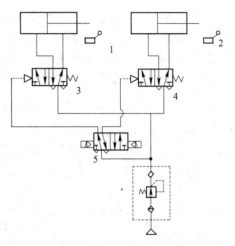

图 5-13　双缸顺序动作回路原理图

当左缸活塞杆靠近接近开关 1 时，接近开关动作，控制二位五通电磁阀 5 右侧电磁铁得电而迅速换向，气体作用于气控阀 4 促使其左位接入，压缩空气经过气控阀 4 的左位进入右缸的左腔，活塞在压力的作用下向右运动。当活塞杆靠近接近开关 2 时，接近开关动作，控制二位五通电磁阀 5 左侧电磁铁得电左位接入。从而实现双缸的下一个顺序动作。

5.11.3 实验步骤

（1）根据实验需要选择元件（单杆双作用缸、接近开关、单气控换向阀、二位四通双电磁换向阀、三联件、连接软管），并检验元件的使用性能是否正常。

（2）看懂原理图，在实验台的 T 形槽板上搭建实验回路。

（3）将二位五通双电磁换向阀和接近开关输入口插入相应的控制板输出口，选择适当的控制方式（PLC 编程控制）。

（4）确认连接安装正确稳妥，把三联件的调压旋钮放松，通电，开启气泵。待泵工作正常后，再次调节三联件的调压旋钮，使回路中的压力在系统工作压力范围以内。

（5）当电磁阀 5 左电磁铁得电，左位接入，压缩空气使得单气控阀 3 动作，压缩空气进入左缸的左腔使得活塞向右运动；此时的右缸因为没有气体进入左腔而不能动作。

（6）当左缸活塞杆靠近接近开关 1 时，接近开关控制二位五通电磁阀 5 迅速换向，气体作用于气控阀 4 促使其左位接入，压缩空气经过气控阀 4 的左位进入右缸的左腔，活塞在压力的作用下向右运动。当活塞杆靠近接近开关 2 时，接近开关控制二位五通电磁阀 5 又回到左位，从而实现双缸的下一个顺序动作。

（7）实验完毕后，关闭泵，切断电源，待回路压力为零时，拆卸回路，清理元器件并放回规定的位置。

思考题：

（1）采用机械阀代替接近开关，系统会怎样动作，回路怎样搭建？

（2）用压力继电器能实现这个顺序动作吗？从理论上验证一下。

5.11.4　实验报告

按本书第Ⅲ部分中对本实验的具体要求完成实验报告。

5.12　三缸联动回路实验

5.12.1　实验目的与实验设备

（1）掌握本实验所用气动元件及辅助元件的结构及使用性能；
（2）学会 QD-A 型气动综合实验台的使用方法；
（3）掌握三缸联动回路的应用条件及应用场合；
（4）实验所用设备为 QD-A 型气动综合教学实验台。

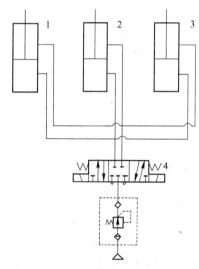

图 5-14　三缸联动回路原理图

5.12.2　实验原理

图 5-14 是一种由三位五通电磁换向阀控制的三缸联动回路原理图。当电磁阀 4 左侧电磁铁得电左位接入时，气缸 1、2、3 开始一起向一个方向运动。当电磁阀 4 右位接入时，三个缸开始复位动作。

5.12.3　实验步骤

（1）根据实验需要选择元件（单杆双作用缸、三位五通双电磁阀、三联件、连接软管），并检验元件实用性能是否正常。
（2）看懂原理图，在实验台上搭建实验回路。
（3）将三位五通双电磁换向阀和接近开关的电源输入口插入相应的控制板输出口。
（4）确认连接安装正确稳妥，把三联件的调压旋钮放松，通电，开启气泵。待泵工作正常，再次调节三联件的调压旋钮，使回路中的压力在系统工作压力范围以内。

（5）当电磁阀左电磁铁得电左位接入时，三个缸开始一起向一个方向运动。当右位接入时，三个缸开始复位动作。

（6）实验完毕后，关闭泵，切断电源，待回路压力为零时，拆卸回路，清理元器件并放回规定的位置。

　　思考题：

（1）三个缸是否同步动作？
（2）如果将 3 号单出杆缸改为双出杆缸，能否实现同步运动，为什么？

5.12.4　实验报告

按本书第Ⅲ部分中对本实验的具体要求完成实验报告。

5.13　二次压力控制回路实验

5.13.1　实验目的与实验设备

（1）掌握本实验所用气动元件及辅助元件的结构及使用性能；
（2）学会 QD-A 型气动综合实验台的使用方法；
（3）掌握二次压力控制回路的应用条件及应用场合；
（4）实验所用设备为 QD-A 型气动综合教学实验台。

5.13.2　实验原理

压力控制回路是利用压力控制阀来控制系统或系统某一部分的压力。压力控制回路主要有调压回路、减压回路、增压回路、保压回路、卸荷回路、平衡回路和释压回路等。

图 5-15 是一种二次压力控制回路原理图。当电磁阀 2 电磁铁得电，右位接入，压缩空气经减压阀 1 进入缸的左腔，活塞右行。在此过程中，可以调节三联件中减压阀的压力调节旋钮控制压力；同时调节减压阀 1 也可调节系统中的压力。三联件中减压阀和减压阀 1 均可控制系统的压力，使系统可以得到两种压力值。减压阀 1 的调节压力一定要小于三联件中减压阀的调节压力。

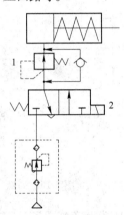

图 5-15　二次压力控制
回路原理图

5.13.3　实验步骤

（1）根据实验需要选择元件（三联件、二位三通单电磁换向阀、减压阀、弹簧缸、连接软管），并检验元件的使用性能是否正常。

（2）看懂实验原理图，在实验台上搭建实验回路。

（3）将二位三通单电磁换向阀的电源输入口插入相应的控制板输出口。

（4）确认连接安装正确稳妥，把三联件的调压旋钮放松，通电，开启气泵。待泵工作正常后，再次调节三联件的调压旋钮，使回路中的压力在系统工作压力范围以内。

（5）当电磁阀得电时，压缩空气进入缸的左腔，活塞右行。在此过程中，可以调节三联件的压力调节旋钮控制压力；同时，调节减压阀 1 可调节系统中的压力。三联件和减压阀同时控制了系统的压力。

（6）实验完毕后，关闭泵，切断电源，待回路压力为零时，拆卸回路，清理元器件并放回规定的位置。

思考题：

（1）如果要得到 3 种压力回路需要几个减压阀？
（2）三联件后面的减压阀的调节压力一定比三联件上的减压阀的调节压力小，为什么？

5.13.4　实验报告

按本书第Ⅲ部分中对本实验的具体要求完成实验报告。

5.14　高低压转换回路实验

5.14.1　实验目的与实验设备

（1）掌握本实验所用气动元件及辅助元件的结构及使用性能；

（2）学会 QD-A 型气动综合实验台的使用方法；

（3）掌握高低压转换回路的应用条件及应用场合；

（4）实验所用设备为 QD-A 型气动综合教学实验台。

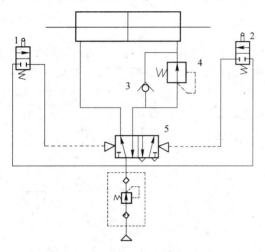

图 5-16　高低压转换回路原理图

5.14.2　实验原理

图 5-16 是一种由减压阀和行程开关控制的高低压转换回路原理图。图示状态下，压缩空气经三联件过双气控阀 5 左位进入缸的左腔，活塞在压缩空气的作用下向右运动；当活塞杆压下机械阀 2 时，压缩空气经机械阀 2 作用于双气控阀 5，使其右位接入，压缩空气经三联件过双气控阀 5 再过减压阀进入缸的右腔，活塞在压缩空气的作用下向左运行。当活塞杆压下机械阀 1 时，双气控阀 5 换位，又开始重复第一个动作。

活塞向右运动时，是以系统的回路压力进行供给；当换接到向左运动时，是在减压阀的作用下变成了低压工作，从而实现了以高速快进低速返回。

5.14.3　实验步骤

（1）根据实验需要选择元件（双杆双作用缸、减压阀、双气控阀、三联件、机械阀、连接软管）。

（2）看懂实验原理图，在实验台上搭建实验回路。

（3）确认连接安装正确稳妥，把三联件的调压旋钮放松，通电，开启气泵。待泵工作正常后，再次调节三联件的调压旋钮，使回路中的压力在系统工作压力范围以内。

（4）在图 5-16 所示状态下，压缩空气经三联件过双气控阀进入缸的左腔（此时行程开关 1 压下），活塞在压缩空气的作用下向右运动；当活塞杆压下机械阀 2 时，压缩空气经机械阀 2 作用于双气控阀，使其右位接入，压缩空气经三联件过双气控阀再过减压阀 4 进入缸的右腔，活塞在压缩空气的作用下向左运行。当活塞杆压下机械阀 1 的时候，又开始重复第一个动作。

（5）活塞在第一个动作时，是以系统的回路压力（三联件中减压阀的调定压力）进行供给；当换接到第二个动作时，在减压阀 4 的作用下变成了低压工作，从而实现了以高速快进低速返回。

（6）实验完毕后，关闭泵，切断电源，待回路压力为零时，拆卸回路，清理元器件并放回规定的位置。

思考题：

（1）如果采用单向节流阀进行压降，能否实现高低速转换？

（2）用电气开关和电磁阀做这个实验，该如何进行？试画出原理图。

5.14.4 实验报告

按本书第Ⅲ部分中对本实验的具体要求完成实验报告。

5.15 计数回路实验

5.15.1 实验目的与实验设备

（1）掌握本实验所用气动元件及辅助元件的结构及使用性能；
（2）学会 QD-A 型气动综合实验台的使用方法；
（3）掌握计数回路的应用条件及应用场合；
（4）实验所用设备为 QD-A 型气动综合教学实验台。

5.15.2 实验原理

图 5-17 所示为一种计数回路原理图。

按下按钮阀 5，压缩空气经二位五通双气控阀 4 至二位五通双气控阀 2 的左端阀芯，使双气控阀 2 换至左位，同时使二位三通气控阀 1 右位接入，此时的气缸活塞向右运动。

当按钮阀 5 复位，此时作用于二位五通双气控阀 2 阀芯的压缩空气经按钮阀 5 排出，二位三通气控阀 1 在弹簧力的作用下复位左位接入，从而无杆缸的气体经二位三通气控阀 1 作用于二位五通气控阀 4 使其换至右位，等待下次信号的再次输入。

当再次按下按钮阀 5，压缩空气经二位五通双气控阀 4 右位至二位五通阀 2 的右端阀芯使右位接入，气缸向左运行。同时二位三通气控阀 3 左位接入将气路断开。当按钮阀 5 复位后，二位五通气控阀 2 的控制气体经二位五通气控阀 4 排出。同时二位三通气控阀 3 复位右位接入，有杆腔的压缩气体经二位三通阀 3 作用于二位五通阀 4 左端阀芯使其左位接入，等待下一次的输入信号。

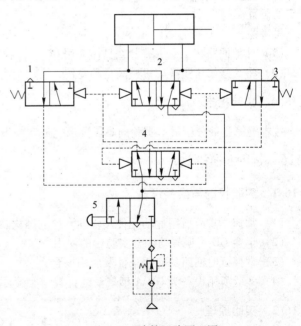

图 5-17　计数回路原理图

从以上反复动作可以得出，当奇数次按下按钮阀时，气缸是向右运动的；当偶数次按下按钮阀时，气缸是向左运动的。

5.15.3 实验步骤

（1）根据实验需要选择元件（单杆双作用缸、二位五通双气控阀、二位五通单电磁阀（但必须用配的塞头堵住 A 口或者 B 口）、按钮阀、三联件、连接软管），并检验元件的使用性能是否正常。

（2）看懂原理图，搭建实验回路。

（3）确认连接安装正确稳妥，把三联件的调压旋钮放松，通电，开启气泵。待泵工作正常后，再次调节三联件的调压旋钮，使回路中的压力在系统工作压力范围以内。

（4）按下按钮阀 5，压缩空气经二位五通双气控阀 4 至二位五通双气控阀 2 的左端阀芯，使双气控阀 2 换至左位，同时使二位三通气控阀 1 右位接入，此时的气缸活塞向右运动。

（5）当按钮阀复位，此时作用于二位五通双气控阀 2 阀芯的压缩空气经按钮阀 5 排出，二位三通气控阀 1 在弹簧力的作用下复位左位接入。从而无杆缸的气体经二位三通气控阀 1 作用于二位五通气控阀 4 使其换至右位，等待下次信号的再次输入。

（6）当再次按下按钮阀，压缩空气经二位五通双气控阀 4 右位至二位五通阀 2 的右端阀芯使右位接入，气缸向左运行。同时二位三通气控阀 3 左位接入将气路断开。当按钮阀 5 复位后，二位五通气控阀 2 的控制气体经二位五通气控阀 4 排出，同时二位三通气控阀 3 复位右位接入，有杆腔的压缩气体经二位三通阀 3 作用于二位五通阀 4 左端阀芯使其左位接入，等待下一次的输入信号。

（7）从以上反复动作可以得出，当奇数次按下按钮阀时，气缸是向右运动的；当偶数次按下按钮阀时，气缸是向左运动的。

（8）实验完毕后，关闭泵，切断电源，待回路压力为零时，拆卸回路，清理元器件并放回规定的位置。

思考题：

（1）计数回路在工业中有什么具体应用？

（2）将 5 号按钮阀换成机械阀自动复位，实验会有什么结果？

5.15.4　实验报告

按本书第Ⅲ部分中对本实验的具体要求完成实验报告。

5.16　延时回路实验

5.16.1　实验目的与实验设备

（1）掌握本实验所用气动元件及辅助元件的结构及使用性能；

（2）学会 QD-A 型气动综合实验台的使用方法；

（3）掌握延时回路的应用条件及应用场合；

（4）实验所用设备为 QD-A 型气动综合教学实验台。

5.16.2　实验原理

图 5-18 为用蓄能器实现的一种延时回路的原理图。图示位置时，压缩空气立即至双气控阀 2 的右端，使双气控阀 2 右位接入，但由于蓄能器 1 内有压力，右位在延时后才能接入，压缩空气经三联件过双气控阀进入缸的右腔，气缸活塞向左延时缩回。

当拉出按钮阀 4，压缩空气经单向节流阀 3 向蓄能器 1 注入空气，调节单向节流阀 3 可以控制延时时间。

5.16.3　实验步骤

（1）根据实验需要选择元件（单杆双作用缸、双气控阀、蓄能器、单向节流阀、按钮阀、三联件、连接软管），并检验元件的使用性能是否正常。

（2）看懂实验原理图，搭建实验回路。

（3）确认连接安装正确稳妥，把三联件的调压旋钮放松，通电，开启气泵。待泵工作正常后，再次调节三联件的调压旋钮，使回路中的压力在系统工作压力范围以内。

（4）拉出按钮阀4，压缩空气经单向节流阀到蓄能器，先向蓄能器内注入压缩空气

（5）压缩空气立即至双气控阀的右端欲使双气控阀右位接入；由于左侧蓄能器有压力，只能延时接入；压缩空气经三联件过双气控阀进入缸的右腔，气缸向内延时缩回。

（6）实验完毕后，关闭泵，切断电源，待回路压力为零时，拆卸回路，清理元器件并放回规定的位置。

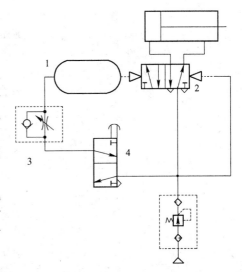

图 5-18　延时回路原理图

思考题：

（1）有没有其他的实现手段？

（2）试对照教材上的回路做实验，以加强理解，更好地运用于实际工作当中。

5.16.4　实验报告

按本书第Ⅲ部分中对本实验的具体要求完成实验报告。

5.17　梭阀的运用回路实验

5.17.1　实验目的与实验设备

（1）掌握本实验所用气动元件及辅助元件的结构及使用性能；

（2）学会 QD-A 型气动综合实验台的使用方法；

（3）掌握梭阀运用回路的应用条件及应用场合；

（4）实验所用设备为 QD-A 型气动综合教学实验台。

5.17.2　实验原理

图 5-19 是一种梭阀运用回路的原理图。当切换手动阀 3 时，压缩空气经手动阀 3 作用于或门逻辑梭阀 2 使单气控阀 1 下位接入，压缩空气经单气控阀的下位进入气缸的下腔，气缸活塞缩回。当手动阀 3 换位时，单气控阀 1 在弹簧力的作用下复位，压缩空气进入缸的上腔使其伸出。

当二位三通电磁阀 4 得电时，压缩空气经二位三通阀 4 过或门逻辑梭阀 2 作用于单气控阀 1，使其下位接入，压缩空气经气控阀 1 的下位进入气缸的下腔，气缸缩回。当电磁阀 4 失电时，单气控阀 1 在弹簧的作用下复位，压缩空气进入缸的上腔使其伸出。

5.17.3　实验步骤

（1）根据实验需要选择元件（单杆双作用缸、单气控阀或门逻辑阀、手动换向阀、二位三

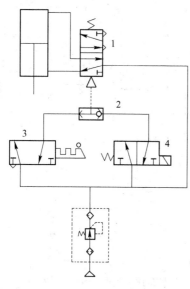

图 5-19　梭阀运用回路的原理图

通电磁阀、三联件、连接软管），并检验元件的使用性能是否正常。

（2）看懂原理图，搭建实验回路。

（3）将二位三通单电磁换向阀的电源输入口插入相应的控制板输出口。

（4）确认连接安装正确稳妥，把三联件的调压旋钮放松，通电，开启气泵。待泵工作正常后，再次调节三联件的调压旋钮，使回路中的压力在系统工作压力范围以内。

（5）当切换手动阀 3 时，压缩空气经手动阀 3 作用于或门逻辑梭阀 2 使单气控阀 1 下位接入，压缩空气经单气控阀的下位进入气缸的下腔，气缸活塞缩回。当手动阀 3 换位时，单气控阀 1 在弹簧力的作用下复位，压缩空气进入缸的上腔使其伸出。

（6）当二位三通电磁阀 4 得电时，压缩空气经二位三通阀 4 过或门逻辑梭阀 2 作用于单气控阀 1，使其下位接入，压缩空气经气控阀 1 的下位进入气缸的下腔，气缸缩回。当电磁阀 4 失电时，单气控阀 1 在弹簧的作用下复位，压缩空气进入缸的上腔使其伸出。

（7）实验完毕后，关闭泵，切断电源，待回路压力为零时，拆卸回路，清理元器件并放回规定的位置。

思考题：

本回路实现了手动和自动切换控制，在实际中如何加以利用？

5.17.4　实验报告

按本书第Ⅲ部分中对本实验的具体要求完成实验报告。

5.18　双手操作回路实验

5.18.1　实验目的与实验设备

（1）掌握本实验所用气动元件及辅助元件的结构及使用性能；

（2）学会 QD-A 型气动综合实验台的使用方法；

（3）掌握双手操作回路的应用条件及应用场合；

（4）实验所用设备为 QD-A 型气动综合教学实验台。

5.18.2　实验原理

双手操作回路是一种安全回路。其基本原理是只有当两个手动换向阀同时动作时，才能切换主控阀，从而对操作人员起到了保护作用。

图 5-20 是双手操作回路的原理图。同时切换手动阀 4、5 时（两个手动阀同时同一个方向动作）使回路通，压缩空气经手动换向阀 4、5 作用于单气控阀 3 使其左位接入；此时压缩空气经气控阀过单向节流阀 1 进入气缸的左腔，气缸伸出。

双手只要有一只手松开，手动换向阀 4、5 当中的任何一个复位，则气控阀 3 在弹簧力的作用下复位到右位接入，气缸缩回。只有双手同时操作手动阀4、5时，气缸活塞才能产生伸出动作。

5.18.3 实验步骤

（1）根据实验需要选择元件（单杆双作用缸、单向节流阀、单气控阀、手动换向阀（必须用配的塞头堵住 A 或 B 构成一个二位三通阀）、三联件、连接软管）。并检验元件的使用性能是否正常。

（2）看懂实验原理图，搭建实验回路图。

（3）确认连接安装正确稳妥，把三联件的调压旋钮放松，通电，开启气泵。待泵工作正常后，再次调节三联件的调压旋钮，使回路中的压力在系统工作压力范围以内。

（4）同时切换手动阀4、5时（二只手动阀同时同一个方向动作）使回路通，压缩空气经手动换向阀4、5作用于单气控阀3使其左位接入；此时压缩空气经气控阀过单向节流阀1进入气缸的左腔，气缸伸出。

（5）双手只要有一只手松开，手动换向阀4、5当中的任何一个复位，则气控阀3在弹簧力的作用下复位到右位接入，气缸缩回。只有双手同时操作手动阀4、5时，气缸活塞才能产生伸出动作。

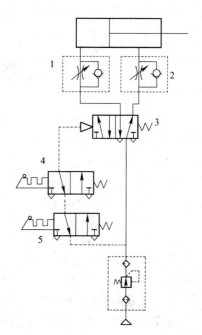

图 5-20 双手操作回路的原理图

（6）实验完毕后，关闭泵，切断电源，待回路压力为零时，拆卸回路，清理元器件并放回规定的位置。

思考题：

（1）如果实验回路中采用按钮阀，则必须注意在没有换位时不能松手，为什么？动手试试回路。

（2）如果不加单向节流阀会出现什么状况，不加行不行？

5.18.4 实验报告

按本书第Ⅲ部分中对本实验的具体要求完成实验报告。

6　气动综合型实验和设计型实验

除上述实验回路外，本实验台还可以进行可编程序控制器（PLC）电气控制实验及机-电-气一体化控制实验等综合型实验。

可设置的实验任务：

（1）PLC 指令编程、梯形图编程学习；

（2）PLC 编程软件的学习与使用；

（3）PLC 与计算机的通讯、在线调试；

（4）PLC 与气动相结合的控制实验。

另外，本实验台上学生可自行设计、组装和扩展各种实验回路，达到设计型实验的目的。

上述实验的实验环境：QD-A 型 PLC 控制综合实验台。

基础实验中，用接近开关控制的实验改为 PLC 控制，即可作为综合性实验。

6.1　同步动作回路实验

6.1.1　实验目的、任务与设备

（1）实验目的

通过给出的同步动作回路实验任务，学生需了解典型的同步动作回路及其作用，了解同步动作回路在工业中的应用。掌握实验中用到的各种气动元件的工作原理、职能符号及其运用。掌握 PLC 编程及控制方法。

（2）实验任务

1）设计气动同步动作回路，控制两个气缸活塞同步动作，完成回路的组装、调试、试验。

2）设计 3 种同步动作回路方案，绘制原理图，论证各方案的优、缺点，最终确定一个相对最优方案。

3）要求方案中由 PLC 实现对电磁阀、磁性开关、接近开关的控制。

4）完成 PLC 编程。

5）选择气压元件、传感器等，在实验台上组装所设计的气压回路，在控制面板上连接电器元件。验证设计方案的可行性及正确性。

6）撰写实验报告。

（3）实验设备

QD-A 型气动综合教学实验台 1 台，各种气压元件及传感器等若干。

6.1.2　实验过程与结果

（1）实验方式

预约开放实验。

（2）实验时间

约 8 学时，其中：

方案设计论证及原理图绘制　　2 学时

完成 PLC 编程　　　　　　　　2 学时

回路组装验证　　　　　　　　2 学时

撰写实验报告　　　　　　　　2 学时

（3）实验报告

按本书第Ⅲ部分中对本实验的具体要求完成实验报告。

（4）实验评价

由实验老师根据学生在整个设计实验各个过程的表现及实验完成情况给每个学生给出实验成绩评价。

6.2　气动搬运机械手实验

6.2.1　实验目的、任务与设备

（1）实验目的

通过给出的气动搬运机械手实验任务，学生需了解典型的机械手回路及其作用，了解气动机械手在工业中的应用。掌握实验中用到的各种气动元件的工作原理、职能符号及其运用。掌握 PLC 编程及控制方法。

（2）实验任务

1）设计气动搬运机械手，共有 3 个气缸控制机械臂的立体运动，2 个气缸推动地面物料平面运动，一个旋转气缸（90 度旋转）使物料翻转。另外机械手是一个真空吸盘。完成回路的组装、调试、试验。

2）设置一个障碍，机械臂必须绕过障碍物完成物料搬运。

3）绘制原理图，可设计几个方案，论证各方案的优、缺点，最终确定一个相对最优方案。

4）要求方案中由 PLC 实现对电磁阀、磁性开关、接近开关、真空泵的控制。

5）完成 PLC 编程。

6）选择气压元件、传感器等，在实验台上组装所设计的气压回路，在控制面板上连接电器元件。验证设计方案的可行性及正确性。

7）撰写实验报告。

（3）实验设备

自制气动综合教学实验台 1 台，各种气压元件及传感器等若干。

6.2.2　实验过程与结果

（1）实验方式

预约开放实验。

（2）实验时间

约 18 学时，其中：

方案设计论证及原理图绘制　　4 学时

完成 PLC 编程　　　　　　　　6 学时

回路组装验证　　　　　　　　6 学时

　　撰写实验报告　　　　　　　　2 学时

（3）实验报告

按本书第Ⅲ部分中对本实验的具体要求完成实验报告。

（4）实验评价

由实验老师根据学生在整个设计实验各个过程的表现及实验完成情况给每个学生给出实验成绩评价。

第Ⅲ部分 实 验 报 告

1.1 液压泵拆装与结构分析实验报告

姓　名		班　级		学　号	

　　根据实验内容，结合实验教程中提出的思考题，就自己印象最深刻的一种液压泵，写一篇关于液压泵结构的小论文，论文形式可以灵活多样，充分发挥同学们的想像力和科技写作水平。

　　要求：

　　（1）可以是某种液压泵结构的总结，也可以是自己对某种液压泵结构的改进设想等；

　　（2）论文形式不限；

　　（3）可借助网络、图书等查阅资料；

　　（4）字数：500～1500；只能手写，打字无效。

（本页不足可加附页）

教师签字（盖章）：   实验成绩：

年　月　日

1.2 液压阀拆装与结构分析实验报告

姓　名		班　级		学　号	

　　根据实验内容，结合实验教程中提出的思考题，就自己印象最深刻的一种液压阀，写一篇关于液压阀结构的小论文，论文形式可以灵活多样，充分发挥同学们的想像力和科技写作水平。

　　要求：

　　（1）可以是某种液压阀结构的总结，也可以是自己对某种液压阀结构的改进设想等；

　　（2）论文形式不限；

　　（3）可借助网络、图书等查阅资料；

　　（4）字数：500～1500；只能手写，打字无效。

（本页不足可加附页）

教师签字（盖章）：　　　　　　　　　　　　　实验成绩：

　　　年　月　日

2.2.1 液压泵性能测试实验报告

姓　名		班　级		学　号	
（1）打印实验软件自动生成的实验报告； （2）分析实验曲线； （3）解释各个性能参数的含义，分析该液压泵性能的优劣性。					

（本页不足可加附页）

教师签字（盖章）：　　　　　　　　　　　　实验成绩：

　　　年　月　日

2.2.2　薄壁小孔液阻特性实验报告

姓　名		班　级		学　号	

（1）打印实验软件自动生成的实验报告；

（2）分析薄壁小孔 Δp-q 特性实验曲线；

（3）分析各个性能参数的含义。

（本页不足可加附页）

教师签字（盖章）：　　　　　　　　　　实验成绩：

　　　年　月　日

2.2.3 细长孔液阻特性实验报告

姓　名		班　级		学　号	

（1）打印实验软件自动生成的实验报告；

（2）分析细长孔 Δp-q 特性实验曲线；

（3）分析各个性能参数的含义。

（本页不足可加附页）

教师签字（盖章）：　　　　　　　　　　　实验成绩：

　　　年　月　日

2.2.4 环形缝隙液阻特性实验报告

姓　名		班　级		学　号	

（1）打印实验软件自动生成的实验报告；

（2）分析环形缝隙 Δp-q 特性实验曲线；

（3）分析各个性能参数的含义。

（本页不足可加附页）

教师签字（盖章）：　　　　　　　　　　　实验成绩：

　　年　月　日

2.2.5 溢流阀静态性能实验报告

姓　名		班　级		学　号	

（1）打印实验软件自动生成的实验报告；

（2）分析启闭特性实验曲线；

（3）分析各个性能参数的含义，分析该溢流阀静态性能的优劣性。

（本页不足可加附页）

教师签字（盖章）：　　　　　　　　　　　　　　实验成绩：

　　　年　月　日

2.2.6 溢流阀动态性能实验报告

姓　名		班　级		学　号	

（1）打印实验软件自动生成的实验报告；

（2）分析溢流阀动态特性实验曲线；

（3）分析各个性能参数的含义，分析该溢流阀动态性能的优劣性。

（本页不足可加附页）

教师签字（盖章）：　　　　　　　　　　实验成绩：

　　年　月　日

2.2.7 减压阀静态性能实验报告

姓　名		班　级		学　号	

（1）打印实验软件自动生成的实验报告；

（2）分析减压阀 p_1-p_2 特性曲线、q-p_2 特性曲线；进油口压力对出油口压力有何影响；

（3）分析各个性能参数的含义，分析该减压阀静态性能的优劣性。

（本页不足可加附页）

教师签字（盖章）：　　　　　　　　　　　　实验成绩：

　　　　年　月　日

2.2.8 减压阀动态性能实验报告

姓　名		班　级		学　号	

（1）打印实验软件自动生成的实验报告；

（2）分析减压阀压力阶跃响应特性曲线；

（3）分析各个性能参数的含义，分析该减压阀动态性能的优劣性。

（本页不足可加附页）

教师签字（盖章）：　　　　　　　　　　　　实验成绩：

　　　年　月　日

2.2.9 节流调速回路性能实验报告

姓　名		班　级		学　号	
（1）打印实验软件自动生成的实验报告； （2）以进口节流调速为例，分析变负载工况下，速度-负载特性和功率特性曲线；分析恒负载工况下，功率特性曲线； （3）分析比较变负载和恒负载节流调速性能特点。					

（本页不足可加附页）

教师签字（盖章）：　　　　　　　　　　　　实验成绩：

　　　年　月　日

2.2.10 液压缸性能测试实验报告

姓　名		班　级		学　号	
（1）打印实验软件自动生成的实验报告；					

（1）打印实验软件自动生成的实验报告；
（2）液压缸最低启动压力和负载效率的概念解释；
（3）分析这两者性能的测试方法；
（4）从测试的数据分析被测试液压缸的质量优劣。

（本页不足可加附页）

教师签字（盖章）：　　　　　　　　　　实验成绩：

　　年　月　日

2.2.11 液压马达性能测试实验报告

姓　名		班　级		学　号	

（1）打印实验软件自动生成的实验报告；

（2）简述液压马达的主要性能参数；

（3）从所测得的数据分析被测试液压马达性能的优劣，并说明分析的依据；

（4）请设计出其他形式的测试装置，并画出简图。

（本页不足可加附页）

教师签字（盖章）：　　　　　　　　　　实验成绩：

　　　年　月　日

2.3.1　差动回路实验报告

姓　名		班　级		学　号	
（1）参照仿真示意图画出液压回路原理图，简述回路动作过程；					

（1）参照仿真示意图画出液压回路原理图，简述回路动作过程；
（2）简述差动回路的应用场所及应用条件；
（3）画出其他1~2种差动回路原理图。

（本页不足可加附页）

教师签字（盖章）：   实验成绩：

       年   月   日

2.3.2 二位四通换向回路实验报告

姓　名		班　级		学　号	

（1）参照仿真示意图画出液压回路原理图，简述回路动作过程；

（2）简述二位四通换向回路的应用场所及应用条件；

（3）画出其他 1~2 种换向回路原理图。

（本页不足可加附页）

教师签字（盖章）：　　　　　　　　　　　　　实验成绩：

　　年　月　日

2.3.3 节流阀速度换接回路实验报告

姓　名		班　级		学　号	

（1）参照仿真示意图画出液压回路原理图，简述回路动作过程；

（2）简述节流阀速度换接回路的应用场所及应用条件；

（3）画出 1~2 种其他形式的速度换接回路原理图；

（4）讨论各种速度换接回路的性能差别。

（本页不足可加附页）

教师签字（盖章）：   实验成绩：

　　　年　月　日

2.3.4 节流阀控制的同步回路实验报告

姓　名		班　级		学　号	

（1）参照仿真示意图画出液压回路原理图，简述回路动作过程；

（2）简述节流阀控制的同步回路的应用场所及应用条件；

（3）画出 1~2 种其他形式的同步运动回路原理图。

（本页不足可加附页）

教师签字（盖章）：　　　　　　　　　　实验成绩：

年　月　日

2.3.5 进油节流调速回路实验报告

姓　名		班　级		学　号	

（1）参照仿真示意图画出液压回路原理图，简述回路动作过程；

（2）简述进油节流调速回路的应用场所及应用条件；

（3）画出其他两种节流调速回路液压原理图；

（4）分析四种节流调速回路的速度刚度。

（本页不足可加附页）

教师签字（盖章）：　　　　　　　　　　　　实验成绩：

　　　年　月　日

2.3.6 两级调压回路实验报告

姓　名		班　级		学　号	
（1）参照仿真示意图画出液压回路原理图，简述回路动作过程； （2）简述两级调压回路的应用场所及应用条件； （3）请给出在此回路的基础上设计出的多级调压回路，并画出原理图。					

（本页不足可加附页）

教师签字（盖章）：　　　　　　　　　　实验成绩：

　　　　年　月　日

2.3.7　旁路节流调速回路实验报告

姓　名		班　级		学　号	

（1）参照仿真示意图画出液压回路原理图，简述回路动作过程；

（2）简述旁路节流调速回路的应用场所及应用条件；

（3）画出其他两种节流调速回路液压原理图；

（4）分析四种节流调速回路的速度刚度。

（本页不足可加附页）

教师签字（盖章）：　　　　　　　　　　实验成绩：

　　年　月　日

2.3.8 三位四通换向回路实验报告

姓　名		班　级		学　号	

（1）参照仿真示意图画出液压回路原理图，简述回路动作过程；

（2）简述三位四通换向回路的应用场所及应用条件；

（3）画出其他 1~2 种换向回路原理图。

（本页不足可加附页）

教师签字（盖章）：　　　　　　　　　　　　实验成绩：

　　　年　月　日

2.3.9　顺序阀控制的顺序回路实验报告

姓　名		班　级		学　号	

（1）参照仿真示意图画出液压回路原理图，简述回路动作过程；

（2）简述顺序阀控制的顺序回路的应用场所及应用条件；

（3）画出其他 1~2 种压力控制顺序回路原理图。

教师签字（盖章）：　　　　　　　　　　实验成绩：

　　　　　年　月　日

2.3.10 压力继电器控制的顺序动作回路实验报告

姓　名		班　级		学　号	

（1）参照仿真示意图画出液压回路原理图，简述回路动作过程；

（2）简述压力继电器控制的顺序回路的应用场所及应用条件；

（3）画出其他 1～2 种压力控制顺序回路原理图。

（本页不足可加附页）

教师签字（盖章）：　　　　　　　　　　　　实验成绩：

　　　　年　月　日

2.3.11 行程开关控制的顺序动作回路实验报告

姓　名		班　级		学　号	

（1）参照仿真示意图画出液压回路原理图，简述回路动作过程；

（2）简述行程开关控制的顺序回路的应用场所及应用条件；

（3）画出其他 1~2 种压力控制顺序回路原理图，比较各自特点。

（本页不足可加附页）

教师签字（盖章）：　　　　　　　　　　　　　实验成绩：

　　　年　　月　　日

2.4.3 油液污染度检测实验报告

姓 名		班 级		学 号	
（1）打印出油样 NAS 标准检测结果； （2）对结果进行分析评价。					

（本页不足可加附页）

教师签字（盖章）：   实验成绩：

　　　年　月　日

3.1 液压锁紧实验报告

姓　名		班　级		学　号	

（1）画出液压回路原理图；

（2）写出 PLC 梯形图程序；

（3）分析实验结果，得出实验结论。

（本页不足可加附页）

教师签字（盖章）：　　　　　　　　　　　实验成绩：

　　　年　月　日

3.2 蓄能器稳压实验报告

姓　名		班　级		学　号	

（1）画出液压回路原理图；

（2）写出 PLC 梯形图程序；

（3）分析实验结果，得出实验结论。

（本页不足可加附页）

教师签字（盖章）：　　　　　　　　　　　实验成绩：

　　　年　　月　　日

5.1 单作用气缸的换向回路实验报告

姓　名		班　级		学　号	

　　（1）画出单作用气缸的换向回路原理图；

　　（2）分析实验原理，叙述动作过程；

　　（3）简述单作用气缸的换向回路的应用条件；

　　（4）回答本实验指导中的思考题。

（本页不足可加附页）

教师签字（盖章）：   实验成绩：

年　月　日

5.2 双作用气缸的换向回路实验报告

姓　名		班　级		学　号	

（1）画出双作用气缸的换向回路原理图；

（2）分析实验原理，叙述动作过程；

（3）简述双作用气缸的换向回路的应用条件；

（4）回答本实验指导中的思考题。

（本页不足可加附页）

教师签字（盖章）：　　　　　　　　　实验成绩：

　　年　月　日

5.3 单作用气缸的速度调节回路实验报告

姓　名		班　级		学　号	

(1) 画出单作用气缸的速度调节回路原理图；

(2) 分析实验原理，叙述动作过程；

(3) 简述单作用气缸的速度调节回路的应用条件；

(4) 回答本实验指导中的思考题。

（本页不足可加附页）

教师签字（盖章）：　　　　　　　　　　实验成绩：

　　　年　月　日

5.4 双作用气缸的速度调节回路实验报告

姓　名		班　级		学　号	

　（1）画出双作用气缸的速度调节回路原理图；

　（2）分析实验原理，叙述动作过程；

　（3）简述双作用气缸的速度调节回路的应用条件；

　（4）回答本实验指导中的思考题。

（本页不足可加附页）

教师签字（盖章）：　　　　　　　　　　　　实验成绩：

　　　年　月　日

5.5 速度换接回路实验报告

姓　名		班　级		学　号	

（1）画出气动速度换接回路原理图；

（2）分析实验原理，叙述动作过程；

（3）简述速度换接回路的应用条件。

（4）回答本实验指导中的思考题。

（本页不足可加附页）

教师签字（盖章）：　　　　　　　　　　　　实验成绩：

　　　　年　月　日

5.6　缓冲回路实验报告

姓　名		班　级		学　号	

（1）画出气动缓冲回路原理图；

（2）分析实验原理，叙述动作过程；

（3）简述气动缓冲回路的应用条件；

（4）回答本实验指导中的思考题。

（本页不足可加附页）

教师签字（盖章）：　　　　　　　　　　　实验成绩：

　　　年　　月　　日

5.7 互锁回路实验报告

姓　名		班　级		学　号	

（1）画出气动互锁回路原理图；

（2）分析实验原理，叙述动作过程；

（3）简述气动互锁回路的应用条件；

（4）回答本实验指导中的思考题。

（本页不足可加附页）

教师签字（盖章）：　　　　　　　　　　　　实验成绩：

　　　年　月　日

5.8 过载保护回路实验报告

姓　名		班　级		学　号	

（1）画出气动过载保护回路原理图；

（2）分析实验原理，叙述动作过程；

（3）简述气动过载保护回路的应用条件；

（4）回答本实验指导中的思考题。

（本页不足可加附页）

教师签字（盖章）：　　　　　　　　　　实验成绩：

　　年　月　日

5.9　单缸单往复控制回路实验报告

姓　名		班　级		学　号	

（1）画出单缸单往复控制回路原理图；

（2）分析实验原理，叙述动作过程；

（3）简述单缸单往复控制回路的应用条件；

（4）回答本实验指导中的思考题。

（本页不足可加附页）

教师签字（盖章）：   实验成绩：

　　　　年　　月　　日

5.10 单缸连续往复控制回路实验报告

姓　名		班　级		学　号	

（1）画出单缸连续往复控制回路原理图；

（2）分析实验原理，叙述动作过程；

（3）简述单缸连续往复控制回路的应用条件；

（4）回答本实验指导中的思考题。

（本页不足可加附页）

教师签字（盖章）：　　　　　　　　　　　　　　实验成绩：

年　月　日

5.11 双缸顺序动作回路实验报告

姓　名		班　级		学　号	

（1）画出双缸顺序动作回路原理图；

（2）分析实验原理，叙述动作过程；

（3）简述双缸顺序动作回路的应用条件；

（4）回答本实验指导中的思考题。

（本页不足可加附页）

教师签字（盖章）：	实验成绩：
年　月　日	

5.12 三缸联动回路实验报告

姓　名		班　级		学　号	

（1）画出气动三缸联动回路原理图；

（2）分析实验原理，叙述动作过程；

（3）简述气动三缸联动回路的应用条件；

（4）回答本实验指导中的思考题。

（本页不足可加附页）

教师签字（盖章）：   实验成绩：

　　　　年　　月　　日

5.13 二次压力控制回路实验报告

姓　名		班　级		学　号	

（1）画出气动二次压力控制回路原理图；

（2）分析实验原理，叙述动作过程；

（3）简述气动二次压力控制回路的应用条件；

（4）回答本实验指导中的思考题。

（本页不足可加附页）

教师签字（盖章）：　　　　　　　　　　　实验成绩：

　　　年　月　日

5.14 高低压转换回路实验报告

姓　名		班　级		学　号	

(1) 画出气动高低压转换回路原理图；

(2) 分析实验原理，叙述动作过程；

(3) 简述气动高低压转换回路的应用条件；

(4) 回答本实验指导中的思考题。

（本页不足可加附页）

教师签字（盖章）：　　　　　　　　　实验成绩：

年　月　日

5.15 计数回路实验报告

姓　名		班　级		学　号	

（1）画出气动计数回路原理图；

（2）分析实验原理，叙述动作过程；

（3）简述气动计数回路的应用条件；

（4）回答本实验指导中的思考题。

（本页不足可加附页）

教师签字（盖章）：　　　　　　　　　　　　　实验成绩：

　　　年　月　日

5.16 延时回路实验报告

姓　名		班　级		学　号	

（1）画出气动延时回路原理图；

（2）分析实验原理，叙述动作过程；

（3）简述气动延时回路的应用条件；

（4）回答本实验指导中的思考题。

教师签字（盖章）：　　　　　　　　　　　　　实验成绩：

　　　年　月　日

5.17 梭阀的运用回路实验报告

姓　名		班　级		学　号	

(1) 画出气动梭阀的运用回路原理图；

(2) 分析实验原理，叙述动作过程；

(3) 简述气动梭阀的运用回路的应用条件；

(4) 回答本实验指导中的思考题。

（本页不足可加附页）

教师签字（盖章）：　　　　　　　　　　实验成绩：

　　年　月　日

5.18 双手操作回路实验报告

姓　名		班　级		学　号	

（1）画出气动双手操作回路原理图；

（2）分析实验原理，叙述动作过程；

（3）简述气动双手操作回路的应用条件；

（4）回答本实验指导中的思考题。

（本页不足可加附页）

教师签字（盖章）：　　　　　　　　　　实验成绩：

　　　年　月　日

6.1 同步动作回路实验报告

姓　名		班　级		学　号	

（1）画出气动回路原理图；

（2）写出 PLC 梯形图程序；

（3）分析实验结果，得出实验结论。

（本页不足可加附页）

教师签字（盖章）：　　　　　　　　　　　　　实验成绩：

　　　年　月　日

6.2 气动搬运机械手实验报告

姓　名		班　级		学　号	

（1）画出气动回路原理图；

（2）写出 PLC 梯形图程序；

（3）分析实验结果，得出实验结论。

（本页不足可加附页）

教师签字（盖章）：　　　　　　　　　　　实验成绩：

　　　年　月　日

附　　录

附录1　液压传动实验注意事项

(1) 液压拆装与结构实验中，液压元件要轻拿轻放，拆卸零件时动作要轻，不可用力过猛；保管好拆卸工具，避免丢失；

(2) 使用 YCS-C 液压实验台之前一定要了解液压实验准则，了解本实验系统的操作规程，在实验老师的指导下进行，切勿盲目进行实验；

(3) 做实验之前必须熟悉元器件的工作原理和动作的条件，掌握快速组合的方法，绝对禁止强行拆卸，不要强行旋扭各种元件的手柄，以免造成人为损坏；

(4) 做实验时不应将压力调得太高（正常工作压力为 4～7MPa）；

(5) 因实验元器件结构和用材的特殊性，在实验的过程中务必注意稳拿轻放，防止碰撞，在回路实验过程中确认安装稳妥无误才能进行加压实验；

(6) 实验回路连接好后，确保油路连接无误，尤其是快速接头要确保锁紧，并经实验老师确认后，再通电，启动油泵电机；

(7) 实验面板为 "T" 形槽结构，液压元件均配有可方便安装的过渡板，实验时，只需将元件挂在 "T" 形槽中即可；

(8) 实验油路连接均采用开闭式快换接头，实验时应确保接头连接到位可靠；拆卸时一定在液压泵停止工作时进行，且注意油管中的油尽量流回油箱再拆卸；

(9) 不要带负载启动电机（要将溢流阀旋松），以免损坏压力表和电机；

(10) 实验过程中，发现任何一处不正常时，应立即关闭油泵，只有当回路压力释放后才能重新进行实验；

(11) 实验完毕后，要清理好元器件及工具；注意好元件的保养和实验台的整洁；

(12) 对于油泵电机的效率：实验计算时，一般取 80%；

(13) 因油路连接采用的是开闭式快速接头，实验时，管路会有一定的压降；流量小于 7L/min 时，可忽略不计；流量大于 7L/min 时，每个开闭式接头压降约为 0.1～0.4MPa。

附录2　气压传动实验注意事项

（1）使用本实验系统之前一定要了解气动实验准则，了解本实验系统的操作规程，在实验老师的指导下进行，切勿盲目进行实验。

（2）实验过程中注意对气动元器件稳拿轻放，防止碰撞。

（3）做实验之前必须熟悉元器件的工作原理和动作条件，掌握快速组合的方法。禁止强行拆卸，禁止强行旋扭各种元件的手柄，以免造成人为损坏。

（4）实验中的接近行程开关为感应式，开关头部离开感应金属约4mm即可感应发出信号。

（5）禁止带负载启动（即三联件上的减压阀旋钮旋松），以免造成安全事故。

（6）实验回路连接好后，确保回路连接无误，经实验老师确认后，再打开减压阀供压力气体。

（7）实验时不应将压力调得太高（一般压力约0.3~0.6MPa左右）。

（8）实验过程中，发现任何一处有问题，此时应立即关闭减压阀，只有当回路释压后才能重新进行实验。

（9）实验台的电器控制部分为PLC控制，充分理解与掌握电路原理，才可以对电路进行相关的连接。

（10）实验完毕后，要将元器件及工具摆放整齐，放到规定位置，注意元件的保养和实验台的整洁。

参 考 文 献

1　宋锦春，苏东海，张志伟. 液压与气压传动. 北京：科学出版社，2006

2　姜继海，宋锦春，高常识. 液压与气压传动. 北京：高等教育出版社，2002

3　吴振顺. 气压传动与控制. 哈尔滨：哈尔滨工业大学出版社，1995

4　宋君烈. 可编程控制器实验教程. 沈阳：东北大学出版社，2004

5　REXROTH. 液压传动教程：第一册（RC00301）. 香港：力士乐（中国）有限公司，1993

6　刘春荣，宋锦春，张志伟. 液压传动. 北京：冶金工业出版社，1999

7　路甬祥. 液压气动技术手册. 北京：机械工业出版社，2002

8　YCS-C 智能液压综合实验台产品说明书. 湖南宇航科技实业有限公司

9　ABAKUS 油液污染度检测仪使用说明书

冶金工业出版社部分图书推荐

书　名	作　者	定价(元)
液压传动（本科教材）	刘春荣　等编	20.00
液压润滑系统的清洁度控制	胡邦喜　编著	16.00
液压系统建模与仿真	李永堂　著	28.00
冶金设备液压润滑实用技术	黄志坚　著	68.00
机电一体化技术基础与产品设计（本科教材）	刘　杰　等编	38.00
机器人技术基础（本科教材）	柳洪义　等编	23.00
机械制造工艺及专用夹具设计指导（本科教材）	孙丽媛　主编	14.00
机械优化设计方法（第3版，本科教材）	陈立周　主编	29.00
机械制造装备设计（本科教材）	王启义　主编	35.00
机械振动学（本科教材）	闻邦椿　等编	25.00
机械工程实验教程（本科教材）	贾晓鸣　等编	30.00
材料成形实验技术（本科教材）	胡灶福　等编	16.00
电子技术实验（本科教材）	郝国法　等编	30.00
热工实验原理和技术（本科教材）	邢桂菊　等编	25.00
单片机实验与应用设计教程（本科教材）	邓　红　等编	28.00
电子产品设计实例教程（本科教材）	孙进生　等编	20.00
电路实验教程（本科教材）	李书杰　等编	19.00
无机非金属材料实验教程（本科教材）	王瑞生　等编	30.00
工业设计概论（本科教材）	刘　涛　主编	26.00
工业产品造型设计（本科教材）	刘　涛　主编	25.00
真空获得设备（第2版，本科教材）	杨乃恒　主编	29.80
机械故障诊断基础（本科教材）	廖伯瑜　主编	25.80
机械故障诊断的分形方法	石博强　等著	25.00
设备故障诊断工程	虞和济　等编	165.00
故障智能诊断系统的理论与方法	王道平　等著	16.00
冶金液压设备及其维护（工人培训教材）	任占海　主编	35.00